吃出超強學習專注力！

3~6歲兒童 腦力開發關鍵飲食手冊

營養師 小山浩子
小兒科醫師、腦力發展學者 成田奈緒子
插畫 モチコ

前言　6歲前孩子所需的腦力、心智育成飲食

重視孩子腦部發育時期的飲食

人類大腦發展幅度最大的時期是「從出生一直到6歲」。大腦也是身體的一部分，想要培養出聰明的頭腦、學習動力、專注力及健全的心智，就需要重視每天的飲食。

說到對腦部有益的營養，最有名的就是DHA和EPA這種油脂。經常有家長問我：「想要培養出高IQ的小孩，是不是要每天都讓他們吃魚呢？」不過，幫助大腦的組成、育成及作用，還需要其他各式各樣的營養素。

還有，考慮到適合孩子的調味及將來的健康、從飲食中學習到的感性，以及從親手製作的飲食中感受到的親情等等，建議要用心思考每道料理中使用的食材，並且能夠親自調理。

本書要介紹給大家的「育腦飲食」富含了幫助孩子們腦部發展的營養素，是孩子們吃得開心，大人也能輕鬆維持料理習慣的食譜。

如果透過本書能幫助孩子們養成健全的腦力及心智，培養出聰明的頭腦，那就太好了。

營養師
小山浩子

讓肚子感到飢餓並快樂地進食，有助於腦力發展

養育孩子真的非常辛苦，提到飲食，也常常煩惱「應該讓孩子吃些什麼才好」。畢竟大家總是說：「人類是以食物組成的……」。要是你也常有這樣煩惱的話，相信小山浩子老師的食譜以及明確的建議一定會對你很有幫助的，請一定要多加活用這本書喔。

身為研究腦部發展小兒科醫生的我，經常會用「腦部發育」來說明孩子的發展狀況。而對於就生存而言絕對必要的「身體腦」來說，6歲之前則是特別關鍵的生長期。

擁有充足的睡眠，睡到自然清醒，沐浴在陽光下活動活動身體。每天三餐都充滿「食慾」快樂地把飯吃完。要是能夠實踐上述流程的話，就能讓身體腦完整發育了。

因此，我們不只要做到「餵孩子吃飯」，還要讓孩子能自己說出「肚子餓了！想吃飯！」這點非常重要。而在透過進食讓大腦發育的同時，一家人聚在一起用餐，也能讓孩子心中產生「開心！幸福！」的感覺。

孩子會模仿大人的舉動。因此，大人們不妨試著從「向孩子說出『肚子餓了！』、『好好吃！好開心！』」開始做起吧！。

小兒科醫師、腦力發展學者
成田奈緒子

目錄

③「培養腦力」的營養素與食材選擇

④ 讓孩子自然說出「想吃飯！」的飲食規則

⑤ 讓孩子開心吃飯的創意靈感

關於吃的各種煩惱

快樂用餐的提案

卷末附錄

Part 1

培養心智及腦力的相關知識

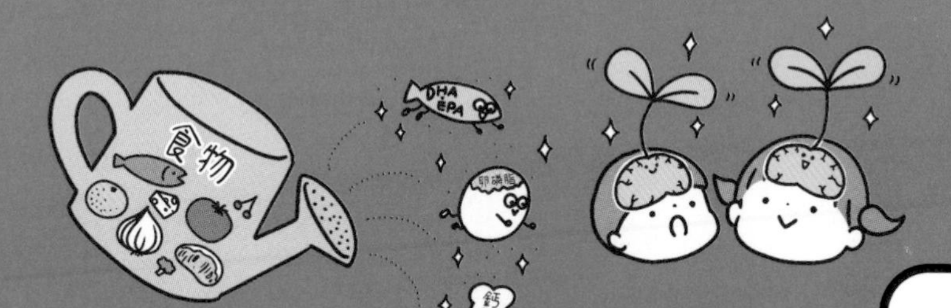

這是常識嗎!?

關於飲食的傳言

吃太多甜食 專注力會降低!?

早餐都只吃甜麵包，吃吐司的時候也會加很多蜂蜜和果醬，這樣真的沒問題嗎？好擔心！

本來覺得給孩子仙貝當點心就好，結果他不吃。平常大多是吃甜的巧克力和餅乾類。

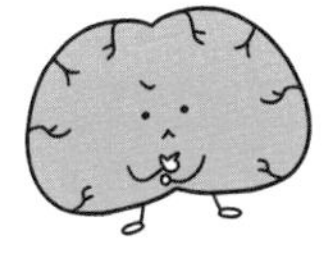

原因在於血糖值急速上升&急速下降

糖分是腦部的能量來源，但是要注意吸收的速度。其中需要特別小心的是白砂糖。攝取太多砂糖，會造成血糖值急速上升。接著，促進血糖值下降的胰島素會大量分泌，使血糖值急速下降，導致能量輸送到腦部的過程受阻。

如此一來，專注力就會隨之降低，容易變得想睡覺，總是無精打彩的。血糖值的上下波動會使腦部疲勞，造成精神不穩定以及焦躁不安的狀況發生。

因此，早餐要避免甜麵包與甜果汁的組合喔。

糖分的攝取方式 ➜ P106
推薦的點心 ➜ P62

缺鈣容易使人焦躁!?

因為不喜歡乳製品，所以牛奶也不喝。還有什麼方法可以攝取鈣質嗎？

有聽說可以吃小魚乾補充鈣質，但孩子根本也不太吃魚，結果還是做了肉類料理給他吃。

鈣質可以穩定神經

大家都知道穩固骨骼及牙齒所不可或缺的營養素是鈣，不過，腦神經細胞中其實也有少量的鈣。進行腦內訊號處理的時候，協助神經傳導物質作用的也是鈣。因此，缺乏鈣質會使腦部運作變得遲鈍，並容易有性情焦躁易怒的傾向產生。

此外，鈣也具有控制神經和肌肉細胞興奮及緊張的功能，因此又被稱為是「天然的精神安定劑」。

鈣的作用 ➔ P90
推薦的食譜 ➔ P93

吃魚會變聰明!?

攝取DHA可以提升閱讀能力

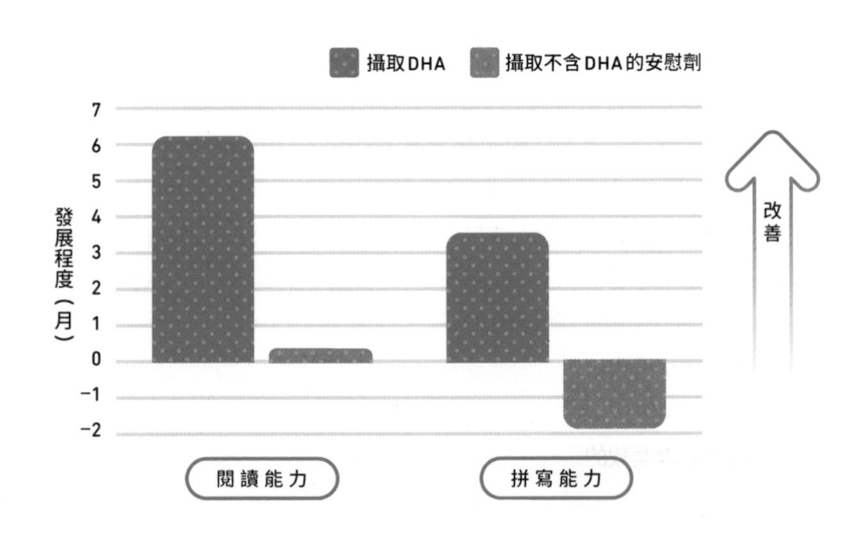

根據英國牛津大學研究，讓112位5～12歲的孩子持續攝取3個月的DHA，發現攝取DHA有助於改善孩子的讀寫能力。

本來覺得給孩子吃帶骨頭的魚才能獲得營養，結果反而讓孩子討厭吃魚了。

先前沒有讓孩子確實地攝取DHA，所以在考慮要買保健食品，但又擔心會有添加物，不知道購買時要注意什麼才對。

DHA、EPA可以讓腦部訊號傳遞更順暢

腦神經細胞變柔軟的話，腦內訊號傳遞也會更順利，進而發展成為「聰明的頭腦」。

大腦約有60%是由脂肪所組成的。因此，腦部的柔軟度取決於攝取的油脂。

能讓大腦變柔軟的油脂，就是秋刀魚、鯖魚、沙丁魚、鮭魚、鮪魚等魚類油脂中富含的DHA及EPA。

腦中有充足的DHA、EPA，可以讓連結神經迴路的突觸被大量地製造。反之，也有報告顯示如果DHA、EPA不足，會造成神經突觸減少。

實驗結果也顯示出，實際攝取到DHA的組別，閱讀能力有獲得改善。

DHA、EPA的攝取方式 ➔ P78
推薦的食譜 ➔ P51、54

有吃早餐的孩子成績才會進步!?

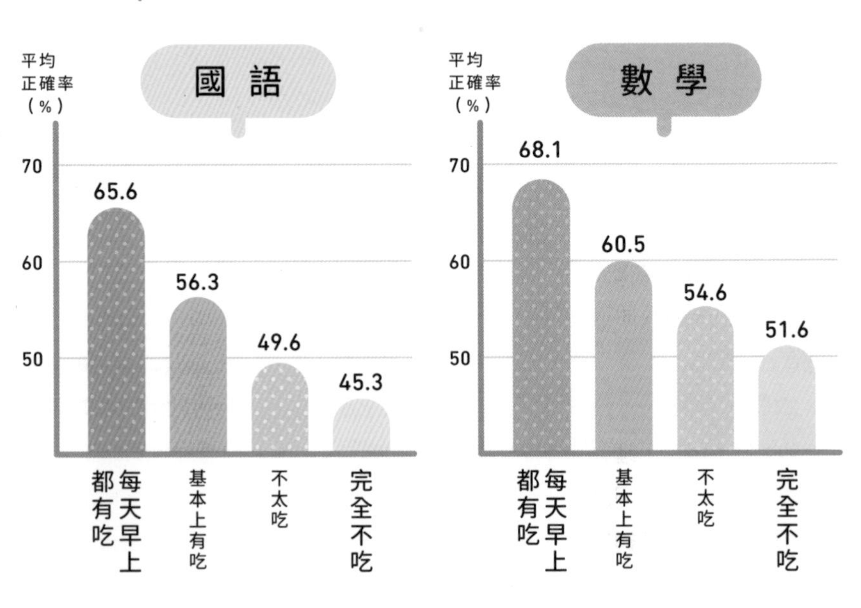

根據「日本全國學力、學習狀況調查（小學）」（2019年），讓小學6年級生做兩個科目各14題，結果顯示有吃早餐的孩子平均正確率較高。

有時候直到出門前最後一刻都還在睡，結果沒吃東西就去幼稚園了。不知道在幼稚園裡有沒有力氣玩耍。

孩子早上都會很睏的樣子，吃飯要花多時間！實在沒時間悠哉，經常吃到一半就放棄了。

早上完全沒有能量，必須補充營養

米飯及麵包等碳水化合物的主食之中含有葡萄糖，吸收後可以啟動腦部運作。

或許有些人可能會以為晚餐吃飽一點就好，但是，睡覺期間其實也會持續消耗葡萄糖。因此，當我們早上睡醒時，是沒有足夠能量可供腦部運作的。一旦頭腦沒有動起來，就很難精神飽滿地活動。

為儲備一整天的活動能量，一定要好好地吃早餐，來幫頭腦和身體進行能量補充，進而協助頭腦達到「完成準備」的狀態！

早餐的重要性 ➜ P130
營養均衡的飲食 ➜ P44

孩子的飲食煩惱TOP5

※編輯部調查

1 吃飯速度太慢

早上和晚上都在和時間賽跑……

做些事前準備應該可以讓孩子反應更快喔！

2 對食物的好惡太多了

愈想要他吃的東西他愈不願意吃……

讓孩子認識身體需要的食物，學會自己挑選，一起發展腦力吧！

3 準備的菜單沒有變化

配合孩子的好惡和自己的時間，結果只能準備固定的菜單

加點配料來增添變化吧！

4 食量太小、 吃不完

擔心有沒有攝取足夠的營養……

試著從孩子想吃的東西開始上菜吧！

5 只顧著吃點心

看到零食就要吃，講了也不聽……

改變囤積零食的習慣可能會比較好喔。

大家好！我是頭腦君。

關於孩子們腦力發展及飲食的煩惱，

讓我跟大家一起想想要如何解決吧！

對食物好惡分明、一直吵說「不要」、

容易被小事激怒等，說到煩惱就講不完呢。

不過，這些全～都是因為孩子們的大腦還在發展中喔。

依循本能，只有開心、不開心

稍微有點知識了

有知識為基礎，而且可以忍耐

其實，對食物有好惡也是頭腦發展的證據。

只要知道腦部的成長機制

以及對腦部發展有益的飲食方法，

就不需要再擔心、焦躁、生氣或沮喪了。

來吧，我們一起來學習培養腦力的方法！

「喜歡、討厭」、「不吃」都是腦部成長的證明！

3歲左右說的「不要不要」是很重要的

「喜歡、討厭」、「吃、不吃」都是成長的證明。人類為了生存，就必須要透過嗅覺及味覺來挑選自己真正需要的食物。

對於幼兒期的孩子來說，「不聽話」、「顧著玩」才是正確的腦部發展順序。孩子能有自我意識以及喜怒哀樂是件好事。

不要＝排除不必要的東西，對孩子來說是理所當然的一件事。能對不喜歡的東西說出「不要」，家長們應該先感到開心喔！

向4～6歲孩子傳達知識，但孩子做不到也沒關係

雖然大約在4～6歲的時候，腦中會開始記憶各式各樣的知識，但是還沒辦法將這些知識化為行動。例如：「雖然不喜歡，但是為了身體健康還是得吃」、「雖然想吃甜點，還是忍耐一下」之類「心理層面」的控制，是要等到年紀更大一些才能做到的事情。

就算是這樣，在這個階段告訴孩子飲食的重要性及禮儀，也不會是沒有意義的。4～6歲是孩子會像海綿般大量吸收資訊的時期，雖然知道目前做不到是很正常的，還是要反覆告訴孩子營養的重要性。一旦時機成熟的時候，這些知識就會和行動串聯在一起了。

身體腦與聰明腦之間的連結是心智腦

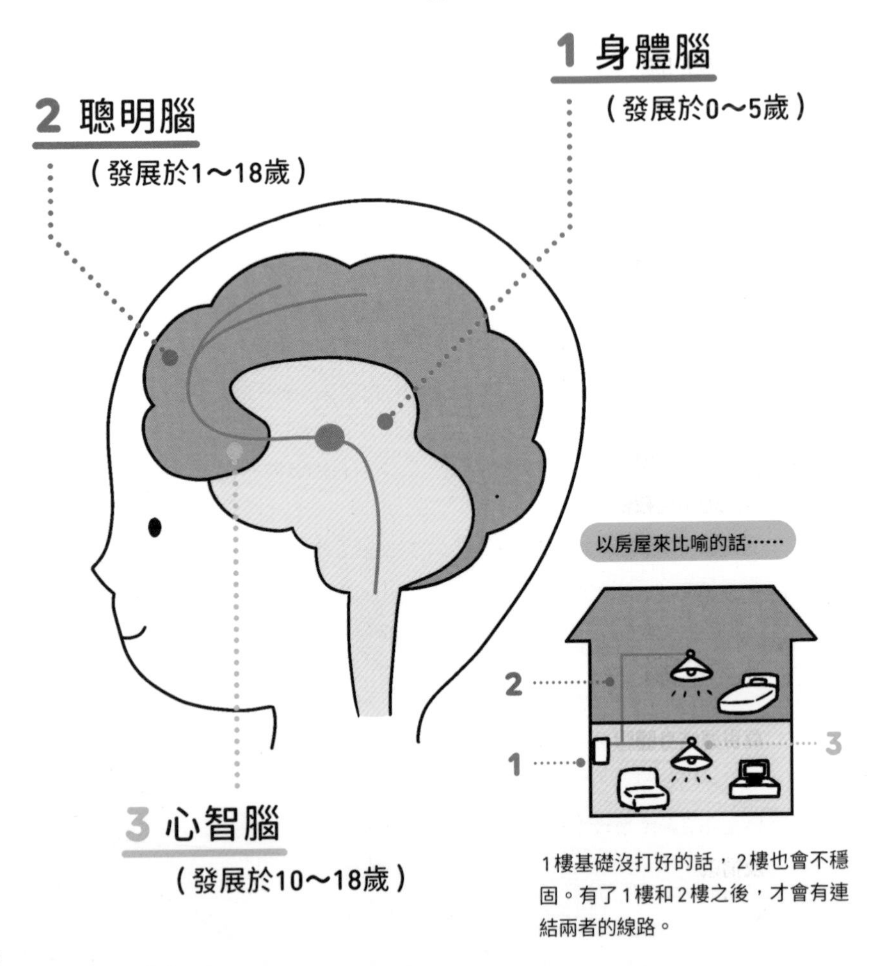

1樓基礎沒打好的話，2樓也會不穩固。有了1樓和2樓之後，才會有連結兩者的線路。

腦部發展的3個階段

大腦就像左圖的房子，依照身體腦（1樓）、聰明腦（2樓）、心智腦（連結1樓及2樓的線路）這樣的順序來培養是很重要的。

1 身體腦＝動物腦

負責睡覺、起床、吃飯、活動身體等維持生存所需最低限度的機能。在這個時期必須要注意的是「給予孩子五感大量的刺激」，這點非常重要。而身體腦則會依照本能決定「喜歡、討厭」。

2 聰明腦＝人類腦

負責處理記憶、思考、知覺與語言等較高等的機能。這時對孩子用完整的句子說話而非單字，給予語言的刺激，可以創造出比較偏像人類高度思考的神經連結。不過，聰明腦會持續發展到10歲左右，因此會有許多「雖然懂了，但是做不到」的時期。

3 心智腦＝社會腦

負責連結身體腦與聰明腦的迴路。為了增加這樣的迴路，必須利用肢體以及語言反覆給予刺激。孩子會愈來愈能判斷在此之前所慢慢累積起來的資訊，並能控制自己的需求及情感。

腦神經網路
在6歲之前發展最旺盛！

年齡與前額葉神經突觸的增減

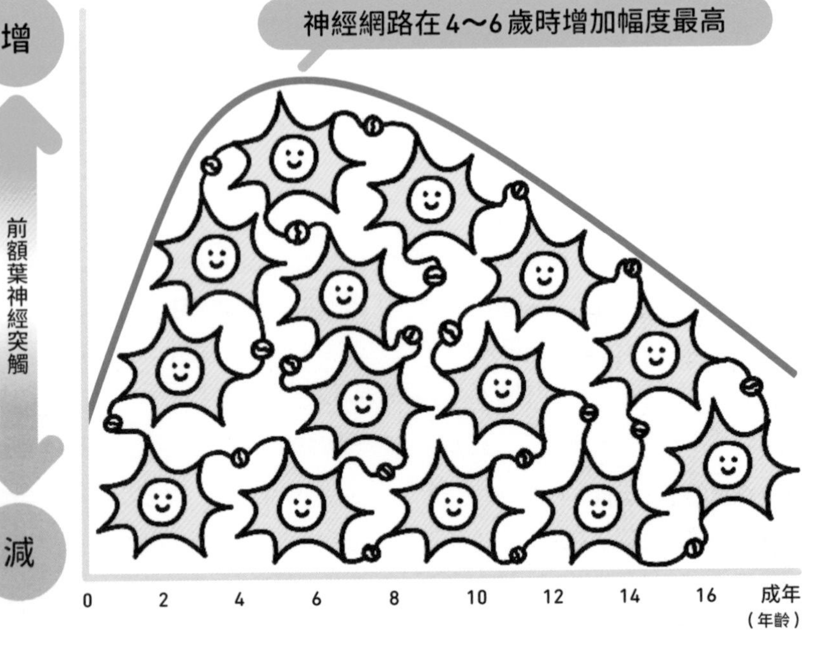

從出生開始到4歲左右會生成大量的神經突觸，過了6歲之後，不需要的神經突觸就會消失，一直到成年為止會逐漸遞減。

神經網路的發展會在6歲達到高峰

其實，胎兒在媽媽肚子裡時就已經具備腦神經細胞了。接著，在快要出生前到3歲左右，促進腦神經作用的細胞會不斷增加。

只不過，負責處理腦內資訊的神經細胞網路還沒連結在一起。作為「聰明腦」一部分的前額葉神經突觸（神經網路連結點）會像左頁圖表那樣，從0歲開始增加，並在約4～6歲的時候逐漸達到高峰。由此可知，這個時期對於腦部發展來說是非常重要的。

6歲時完成90%，小學畢業時近乎完成

有種說法是「大腦發展在6歲時已完成90%」，這是因為腦內神經系統發展會在6歲達到高峰。而9歲時大腦的重量就幾乎和成年人的大腦是一樣重的了，因此，如果要說大腦的基礎在這段期間已完成，也並非言過其實。

在這之後比較重要的是「修剪」階段——排除不需要的突觸，透過消除沒有用到的突觸，才能進行正確的判斷及正確的行動。

還有，「心智腦」會在小學5、6年級開始發展，所以才會說大腦發展會在小學畢業時近乎完成。

6歲前的飲食對於腦部發展而言非常重要！

腦部是透過食物形成的

人類的腦部約有60%是脂肪，剩餘的40%主要則是由蛋白質所構成的。因此，為了讓孩子腦部能夠健康地成長，諸如DHA、EPA等等的優良好油（→P.78）以及優質的蛋白質（→P.114）都是必要的營養素。而碳水化合物富含作為能量來源的葡萄糖，所以也是不可或缺的元素之一。

負責處理腦內資訊的神經傳導物質是以必需胺基酸作為基礎要素。此外，腦內還存在鈣、鐵、維生素B群等許多必要的營養素。

不論是腦部或其他身體器官、骨骼、肌肉，全都是透過每天的飲食所組成的。

嬰幼兒攝取的能量有50%都是供大腦使用

腦部的食慾旺盛會消耗掉許多能量。大人的腦部會消耗掉全身整體能量的20%，而兒童大多也是這個比例，5歲以上約占40%，嬰幼兒腦部則會消耗約50%的能量。

小孩的頭部比例較大，3～6歲兒童腦部約占身體重量的6～8%（大人為2～2.5%），因此消耗能量的比例也會增加。

此外，因為在這個時期會增加許多神經突觸，而製造突觸也需要營養，所以突觸本身的作用會消耗掉許多能量。

6歲之前，比起念書，
更應該透過飲食打好基礎！

育腦飲食必須遵守的**兩**個規則

1

讓孩子確實空腹，享受吃飯樂趣

大腦君check

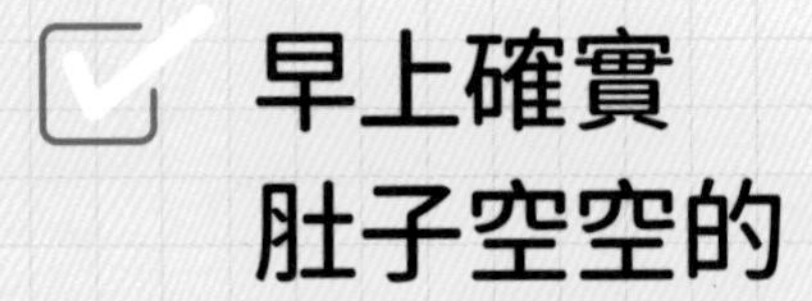

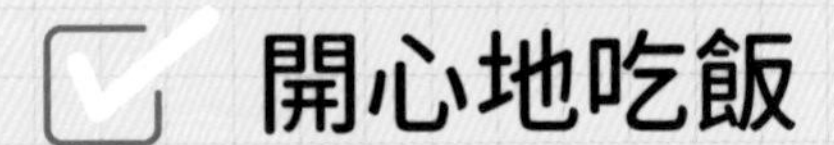

從「快點吃」變成「肚子餓了」、「想吃東西」

可以理解家長們為了營養均衡，所以什麼都想還孩子吃一些。然而，最重要的原則還是「吃飯前要空腹」這件事。

如果能早早就寢、好好睡覺，因為到了早上腸胃中的食物已經都被消化掉，變成空腹狀態，所以孩子自然而然地就會依自己需求攝取必要的飲食。在肚子空空的狀態下吃早餐，除了能精神飽滿地度過一天，到了晚餐時刻也會充滿食慾。

家長們應該要做的是，讓孩子養成早睡和排便的習慣，以及刺激食慾等「培養食慾」的行為（請參考第4章）。當孩子做到「早睡並確實地吃完早餐」的時候，就要用「因為昨天睡很飽，早餐才會都吃光光喔！」這樣的句子來強化孩子的行為，加深孩子的腦部記憶，讓他們不會忘記。

2

在一週內攝取均衡的營養就OK

大腦君check

- ☑ 調整分量，改變用餐時機，孩子就會吃了

- ☑ 雖然有時吃到、有時沒吃到，但之後自然就會吃了

在一週內攝取腦部需要的營養素

在3～6歲時，孩子們吃的食物種類及分量不均等都是很自然的事情。因為味覺還沒發展完全，所以「好吃或不好吃」都是之後才要討論的問題。

「能夠對不想要的東西說出『不要』」是生存所不可或缺的一環。即使孩子某一天進食的分量偏少也沒關係，只要在一週內能攝取到均衡的營養，那就完全沒問題。

重要的是觀察「孩子食慾最好的時機和分量」。消化能力和胃的大小因人而異，讓我們一起來發掘最適合孩子的用餐方法吧。

每餐都盯著孩子要吃完……

用餐過程中說著「趕快吃完」、「不可以剩下來喔！」等催促及強迫的話，會讓孩子因為緊張而使副交感神經無法充分作用，導致腸胃消化無法順利進行。食物進入胃部後，如果無法順利消化，可能會造成身體不適。如果讓孩子產生「吃飯時間很不開心」的印象，將來最糟還可能會演變成進食障礙。

只要腦部有順利發展，孩子就會自然地想吃身體所需的食物了。

有助於腦部發育的飲食方式，
可以從第130頁開始看喔！

「新型營養失調」的孩子逐漸增加！

雖然每天都有確實吃三餐，但實際上並沒有攝取到必要的營養——像這樣有「新型營養失調」狀況的孩子，有逐漸增加的趨勢。明明攝取了足夠的熱量，身形也不會過瘦，卻處於維生素、礦物質、膳食纖維等營養素不足的狀態。當家長聽到這樣的情況，應該會想著「要讓孩子補充維生素，必須吃點膳食纖維」，努力地想加以補救。不過，其實不用勉強去做這些事。

建議善用分類，以營養均衡的飲食作為標準，將食品分為四大類（→P.44～45）。均衡攝取到第1類、第2類、第3類、第4類的食物，就能自然地獲得必要的營養素了。還有，吃到當季的食材，也能攝取到當時所需的營養素。盡可能地湊齊四個類別的食材，並且積極地挑選當季的食物吧。

此外，根據孩子的年齡，攝取適合他們一天所需的營養攝取量也很重要。不過，依照營養素攝取量來設計菜單有點困難，建議可以用一天之中應該吃的食材分量為參考標準。第46～47頁有介紹上述的菜單設計辦法，請參考看看。

Part 2

輕鬆獲得有益腦部的營養素！「育腦食譜」

培養心智與腦力的六種營養素

接著將分「大腦組成」、「讓頭腦變聰明」、「促進頭腦運作」三個方向來介紹育腦所需的六大營養素。

組成大腦的DHA、EPA

促進腦神經網路發展

DHA和EPA是構成腦部最重要的營養素，具有促進腦神經迴路發展、讓腦細胞變柔軟以及提升腦部反應及作用的功能。但是，因為身體無法自行生產DHA、EPA，所以必須從食物中攝取。秋刀魚、鯖魚、沙丁魚等青背魚都含有許多DHA與EPA。鮪魚也含有許多DHA和EPA，尤其是充滿脂肪的鮪魚肚，DHA含量比青背魚更加豐富。

請看→P. 78

組成大腦的卵磷脂

神經傳導物質的基礎

我們在進行思考、記憶的時候，這些資訊會變成神經傳導物質，並且像傳球一樣，透過腦內的神經細胞傳到另一個神經細胞。而其中一種神經傳導物質「乙醯膽鹼」的材料，就是存在於雞蛋和黃豆當中的「卵磷脂」。如果孩子不敢吃蛋或豆類，建議可以多加利用黃豆粉。

請看 → P. 86

讓頭腦變聰明的 鈣

協助神經傳導物質作用

大家都知道鈣質是鞏固骨骼與牙齒必須的營養素，不過，鈣其實還有一個功能，就是讓腦中的訊息傳遞更順暢，一旦有缺鈣的情況發生的話，就會讓神經傳導物質無法順利傳送。富含鈣質的牛奶、起司、優格等乳製品，都不用料理就可以直接食用，非常方便。另外，可以常備小魚、海藻、大豆食品等食材。

請看 → P. 90

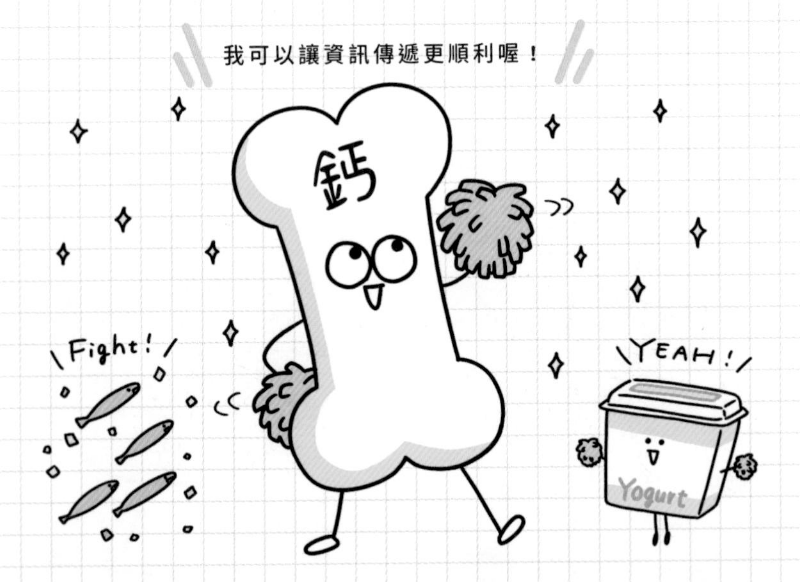

讓頭腦變聰明的鐵、鋅

輸送氧氣至腦部，喚起記憶

鐵是製造紅血球的材料，而紅血球會隨著血液將氧氣運送到全身。因此，一旦有缺鐵的情況發生，就會造成腦部缺氧的狀態，進而使得動作變遲鈍。鋅則是具有喚醒腦部儲存記憶的功能。當缺乏鋅的時候，可能會造成記憶力衰退。除了紅肉之外，肝臟和貝類當中也都含有鐵；而鋅則是可以透過黃豆及起司、貝類來攝取。因為很多孩子都不敢吃上述食品，所以可以多加利用營養強化的食品。

請看→P. 94、98

我能作為形成血液的原料，並繞行全身喔！

少了我們，大腦就不能順利運轉囉！

讓頭腦變聰明的 維生素B群（B_6、B_{12}、葉酸）

協助製造神經傳導物質與製造血液

為了讓碳水化合物、脂質和蛋白質在體內能有效地進行作用，就需要維生素的幫助。而其中又以能製造紅血球的維生素B_{12}最為重要，它可以預防腦部缺氧。維生素B_6也是腦部機能發展時不可或缺的營養素，可藉由黃豆、鮭魚及香蕉等食材來加以攝取。存在於毛豆和地瓜之中的葉酸，也是維生素B群的好夥伴，可以和蛋白質共同修復因活性氧而受損的神經細胞。

請看 → P. 102

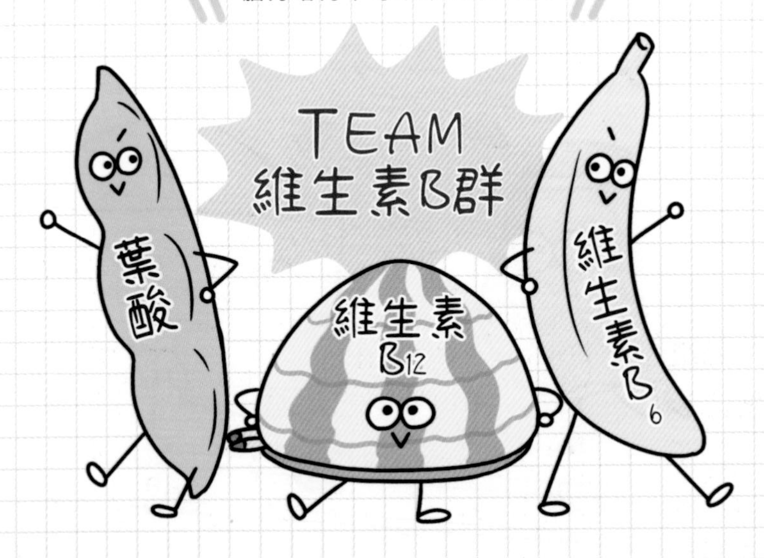

促進大腦運作的 低GI碳水化合物

有葡萄糖作為能量，大腦才能運作

猶如汽油般驅使腦部運作的葡萄糖，主要是由米飯、麵包等碳水化合物分解而成的。兒童腦部消耗的能量約占身體總消耗量的40～50%，而且這些能量是無法儲存備用的。因為白米和白麵包會將葡萄糖一次全部送入血液中，使血糖值急速上升，所以要特別注意食用方式。建議選擇糙米、胚芽米、全麥麵包等可以緩慢提升血糖值的低GI食品，或是和膳食纖維與鉀一起享用。

請看→P. 106、110

低GI飲食可以穩定地提供能量給腦部！

提升營養素功效的最強搭配

想讓培養腦力的必要營養素
發揮更大的功效，
就來看看這些最強組合吧！

組合 1

DHA、EPA × 維生素E

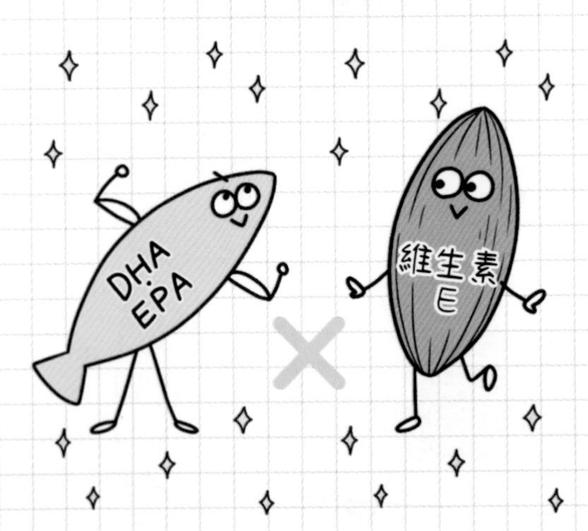

DHA和EPA因為是油脂，所以缺點是很容易氧化。而維生素E不僅具有抑制氧化的功能，還能協助將DHA與EPA持續運送至腦部。因此，魚料理可以搭配富含維生素E的黃綠色蔬菜和橄欖油一起食用。

組合 2

卵磷脂 × 維生素C

卵磷脂又被稱為腦部的營養素，負責支援腦細胞的活動。但卵磷脂是種吸收率不太好的營養素，因此很適合搭配可以提高吸收力的維生素C。富含卵磷脂的蛋和黃豆食品可以和蔬菜和水果一起食用。

組合 3

鈣 × 維生素D × 檸檬酸

鈣具有容易和尿液或汗液一起流失的性質，是一種體內吸收率不高的營養素。為了彌補這個缺點，和維生素D、檸檬酸一起攝取的話，效果會更好。魚類、菇類當中富含維生素D，檸檬酸則存在於柑橘類、醋及酸梅乾等食材中。

組合 4

鐵 × 蛋白質 × 維生素C

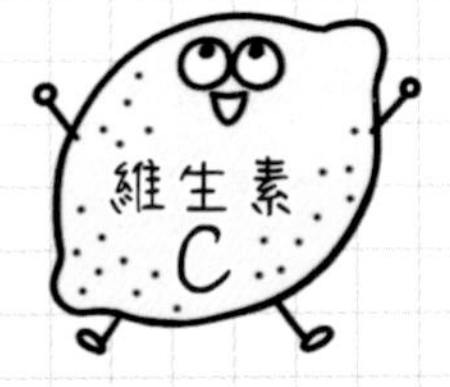

為了讓鐵和蛋白質結合後能一起在體內被吸收，可以和富含蛋白質的肉類、魚類、黃豆食品、蛋與乳製品等一起食用。另外，因為和維生素C一起攝取可以提升吸收力，所以在肉類、魚類上擠一點柑橘類果汁，效果會更好。

組合 5

維生素B群 × 鋅 × 色素成分

具有活化腦部功能的維生素B群、鋅，在和具有抗氧化作用的色素成分一起搭配食用的時候，可以促進營養素的代謝，並且提升即效性。非常推薦以富含維生素B群的胚芽米和糙米，搭配含鋅的起司或海瓜子、胡蘿蔔或鮭魚等組合而成的焗烤飯。

組合 6

維生素B_{12} × 檸檬酸

具有提高專注力功能的維生素B_{12}，也可以說是血液的維生素，非常適合搭配促進代謝的檸檬酸。代謝提升後血液循環會變好，並提高維生素B_{12}的即效性。豬肉、肝臟、魚類、貝類等，可以和檸檬汁和醋搭配攝取。

組合 7

碳水化合物 × 鉀、膳食纖維

食用白米和麵粉等精製的碳水化合物會使血糖值急遽上升。為了預防這樣的情況發生，可以和含有鉀與膳食纖維的蔬菜、水果、優格、起司類等一起攝取。當血糖值的上升獲得抑制之後，葡萄糖才能緩慢且持續地被運送到腦部。

營養均衡的飲食參考標準

從備齊
依四種功能分類的
食物開始吧！

食品可以分類為四個食品分類。主要有補充營養的食材（藍）、製造血與肉的食材（紅）、調整身體狀態的食材（綠）以及成為能量的食材（黃）。在思考菜單時，可以多加參考這四個分類。雖然記住各種食材相對應的顏色並不容易，但是湊齊色彩豐富的各種食物，自然就能達到均衡的營養。請各位務必試試看。

食物並不是用顏色區分，
而是以功能進行分類的唷！

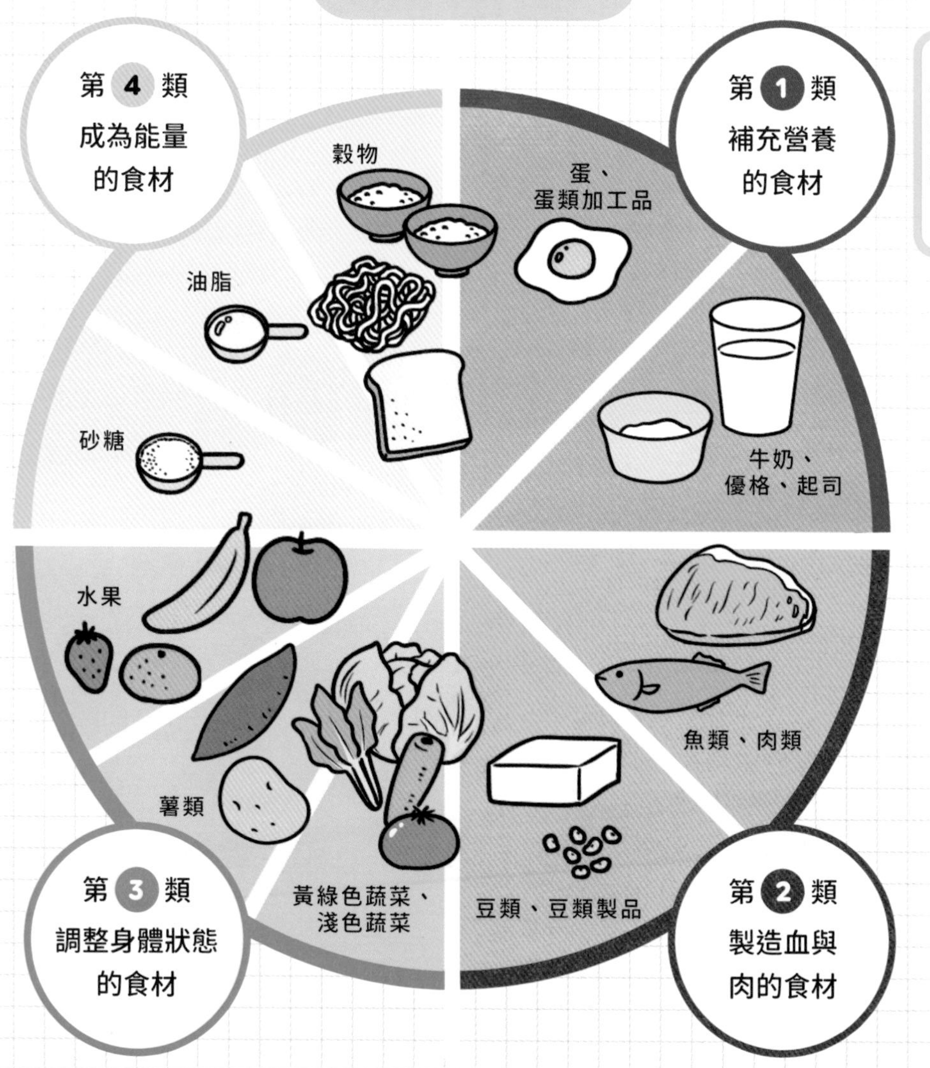
四個食品分類
第 4 類
成為能量
的食材
穀物
油脂
砂糖
第 1 類
補充營養
的食材
蛋、
蛋類加工品
牛奶、
優格、起司
水果
薯類
黃綠色蔬菜、
淺色蔬菜
第 3 類
調整身體狀態
的食材
魚類、肉類
豆類、豆類製品
第 2 類
製造血與
肉的食材

一天之中必吃食材的參考標準量約多少？

第1類

奶類、乳製品　總量250g

優格90g

牛奶150g

起司10g

蛋　55g　30g

第2類

海鮮、肉類
總量80g　60g

肉類40g　30g

魚類40g　30g

豆類、豆類製品
總量60g

豆腐40g

納豆10g

蒸黃豆10g

第3類

蔬菜　總量270g　240g

黃綠色蔬菜　90g　80g

水果　總量120g

將食材分為四個食品分類，並且標示了參考標準量。照片中的食材分量約為6～7歲兒童的飲食內容，--g 的部分則為3～5歲兒童的分量。第4類的穀物需求量因為男女有別，所以會個別標示。

到了6歲，標準量也會比3～5歲的更多。其中也有食材增加了2倍的分量。請以這個分量為標準進行參考，並配合孩子調整成可以吃完的分量。

淡色蔬菜　180g　160g

薯類　60g　50g

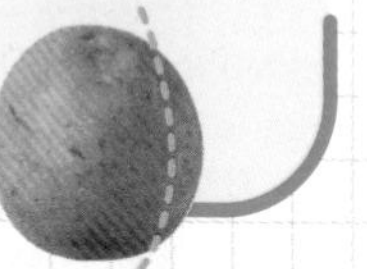

第4類

穀物　6～7歲　男230g　女200g
3～5歲　男190g　女170g

		男	女
米	6～7歲	130g	120g
米	3～5歲	110g	100g
飯	6～7歲	230g	210g ①
飯	3～5歲	190g ②	175g ③

※米飯100g以約飯碗9分滿的程度為標準

麵類、麵包分別為

		男	女
麵、麵包	6～7歲	50g	40g ①
麵、麵包	3～5歲	40g ②	35g ③

砂糖10g　5g　油脂10g

※包含奶油和淋醬。

準備輕鬆又美味 營養滿點的育腦食譜

食譜中加入大量培養腦力的必要營養素。善用各種食材獨有的風味，調製出溫和的口味，絕對能讓肚子和頭腦都無比的滿足！

早餐推薦

以毛豆和燕麥補充葉酸！

毛豆鮪魚馬芬堡

DHA、EPA　卵磷脂　鈣　鐵、鋅　維生素B群　低GI

材料（容易製作的分量、2個份）

裸麥英式馬芬麵包（對切一半再烘烤）…2個

A
- 鮪魚罐頭（油漬）…1小罐（約70g）
- 燕麥…1大匙
- 亞麻仁油美奶滋…1大匙
- 毛豆（從豆莢中剝出，可依年齡切碎）…淨重15g
- 白胡椒…少量

萵苣（切成方便入口的大小）…1片

作法

1. 將A全部混合在一起。
2. 將馬芬堡塗上亞麻仁油美奶滋（材料分量外），夾入萵苣和1。

建議

- 如果使用一般的美奶滋，請拌入少量的亞麻仁油。
- 燕麥使用的是即食燕麥。可以吸收鮪魚的油分，攝取營養不浪費。
- 麵包也可以用含有胚芽、裸麥的圓麵包、熱狗麵包、吐司代替。

充滿膳食纖維的新食感飯糰

燕麥御飯糰

材料（1人份）

A 燕麥片…4大匙
水…3大匙

B 板豆腐…30g
鮭魚鬆…適量

海苔（將手卷海苔切成喜歡的形狀）…適量

作法

1 將A放入耐熱容器中攪拌混合，蓋上蓋子以微波爐用600W微波1分鐘。
2 用湯匙攪拌1，加入B後充分混合。
3 將2均等分成2份，一次將1份以保鮮膜包裹後捏成三角形，再包上海苔。

DHA、EPA　卵磷脂　鈣
鐵、鋅　維生素B群　低GI

聰明活用市售冷凍蝦仁香料飯

冷凍蝦仁香料飯的3分鐘燉飯

材料（容易製作的分量、1～2人份）

市售冷凍蝦仁香料飯…1包（180g）
牛奶…150mℓ
起司片…2片
亞麻仁油…少量

作法

1 將冷凍蝦仁香料飯放入平底鍋中，倒入牛奶，放上起司片。
2 以中火加熱，以鍋鏟攪拌混合，讓米飯吸收牛奶，加熱約3分鐘。
3 將2盛入盤中，淋上亞麻仁油。

DHA、EPA　卵磷脂　鈣
鐵、鋅　維生素B群　低GI

以營養素為配料，為腦部補充元氣

黑豆可可瑪芬

卵磷脂　鈣

鐵、鋅　維生素B群　低GI

材料（容易製作的分量、直徑6cm×高4cm的杯子8個份）

蛋…1個
橄欖油…3大匙
牛奶…100mℓ
A 鬆餅粉…1包（150g）
　純可可粉…1大匙
燕麥片…適量
市售蜜黑豆…40顆（約60g）

作法

1. 蛋打入盆中，以打蛋器攪散，將油一點一點加入拌勻後，再加入牛奶。
2. 將A混合後，以篩網過濾，再加入1中。混合拌勻即可，不要過度攪拌到出現黏性，接著倒入杯中。撒上燕麥片和黑豆，以小烤箱烘烤約10～12分鐘。

+ 建議

□ 用一般烤箱時，請以180℃烤10～15分鐘。

一份就能吃到滿滿培養腦力的食材

香蕉莓果燕麥碗

DHA、EPA　卵磷脂　鈣

鐵、鋅　維生素B群　低GI

材料（1人份）

A 牛奶…100mℓ
　配方奶粉…15g（約1條裝）
燕麥片…4大匙
香蕉（切圓片）…½條
冷凍綜合莓果…30g
腰果（切細碎）…2顆
龍舌蘭糖漿…½大匙（或用蜂蜜¾大匙）

作法

1. 將A攪拌混合備用。
2. 在大碗中依序放入3大匙燕麥片、香蕉、綜合莓果、1大匙燕麥片、堅果。
3. 食用之前再倒入1，淋上龍舌蘭糖漿。

一道
料理
就滿足

製作快速，也可以當作便當
秋刀魚三色壽司

DHA、EPA　卵磷脂　鈣
鐵、鋅　維生素B群

材料（容易製作的分量、2～3人份）

胚芽米飯…150g
市售壽司醋…2大匙
白芝麻…2小匙
板海苔…2片
A　小黃瓜…⅓條
　　厚煎蛋…1小條（約100g）
　　蒲燒秋刀魚罐頭…1罐

作法

1. 將胚芽米飯與壽司醋、白芝麻攪拌混合。
2. 將1鋪在海苔上，依海苔寬度放上切成條狀的A，放在比中央再靠近自己身體一點的位置往前捲。重複2次這個動作。
3. 切成圓片狀，盛入盤中。

＋建議

□ 剩下的罐頭醬汁可以拿去炒菜，裡面含有豐富的DHA。

早餐、午餐、晚餐都能吃！

黃豆燕麥肉醬筆管麵

DHA、EPA　卵磷脂　鈣　鐵、鋅　維生素B群　低GI

材料（容易製作的分量、2～3人份）

A
- 豬絞肉…150g
- 牛奶…50mℓ
- 燕麥片…1大匙
- 市售拿波里義大利麵醬…1包（220g）

快煮筆管麵…1包（200g）
綜合蔬菜丁（自然解凍）…適量
蒸黃豆（切粗粒）…30g
亞麻仁油…少量

作法

1. 將A放入平底鍋中混合攪拌，為了避免底部燒焦，要一邊由鍋底往上翻拌，一邊以中火加熱約5分鐘。
2. 依包裝標示將筆管麵煮熟並以篩網瀝乾水分，和綜合蔬菜丁混合備用。
3. 將2盛入盤中，淋上1，再撒上黃豆碎粒。最後淋上亞麻仁油。

自製醬汁讓大人小孩都充滿食慾

香煎雞里肌蓋飯

DHA、EPA　卵磷脂　鈣　鐵、鋅　維生素B群　低GI

材料（容易製作的分量、2〜3人份）

雞里肌…2條
鹽、白胡椒、麵粉…各少許
A 蛋液…1個份
起司粉、燕麥片、
亞麻仁油美奶滋…各1大匙
橄欖油…適量
萵苣（切絲）…適量
四季豆（快速水煮後切成方便入口的大小）…適量
B 小番茄（去蒂，連同種籽切成粗碎粒）
…中3個
橄欖油…1小匙
番茄醬…1大匙
胚芽米飯…2杯份

作法

1. 將雞里肌去筋剖開，蓋上保鮮膜，用擀麵棍從上方拍打成均勻的厚度。為了方便導熱，可以在有薄膜的那一面用刀淺淺地劃上幾刀，再將每塊雞里肌切成3等份。
2. 在1的表面撒上鹽和白胡椒，然後裹上一層薄薄的麵粉。
3. 將A混合攪拌後備用。
4. 在平底鍋中加入橄欖油，以比中火稍小的火力加熱，用湯匙舀取3，分別倒在鍋中6處，並在蛋液上疊上2。在雞里肌上再淋一點3，等到底部煎熟之後就可以翻面，接著繼續煎到中間熟透。
5. 將B放入耐熱容器中混合之後，蓋上蓋子，用微波爐以600W加熱30秒，做成醬汁。
6. 將飯盛入碗中，鋪上一層萵苣絲，擺上四季豆和4，然後再淋上5。

用電子鍋就能煮，又富含DHA

鯖魚咖哩拌飯

DHA、EPA　鈣　鐵、鋅　維生素B群　低GI

材料（容易製作的分量、4～5人份）

胚芽米…300g

A
- 罐頭醬汁＋2大匙酒＋水…加到電子鍋建議刻度為止
- 咖哩粉…1大匙
- 雞高湯塊…1塊（顆粒狀約2小匙）

水煮鯖魚罐頭…1罐（190g）

小番茄（切一半）…10個

起司片（2片疊在一起壓出造型，其餘切碎）…6片

巴西利（切碎末）…適量

作法

1. 將米放入電子鍋中，加入A攪拌混合。接著在表面放上鯖魚和小番茄，以正常模式開始煮飯。
2. 煮好之後，加入切碎的起司攪拌混合，盛入盤中，最後撒上巴西利碎末，並放上造型起司片裝飾。

建議

- 咖哩粉可依孩子年齡酌量增減。如果使用咖哩塊，等飯煮好之後再加大約20g切碎的咖哩塊攪拌混合。

享受富含鈣質和卵磷脂的味噌烏龍麵！

蛋花烏龍湯麵

DHA、EPA　卵磷脂　鈣　**鐵、鋅**

材料（容易製作的分量、1～2人份）

味噌、起司粉、白芝麻…各1小匙
市售冷凍烏龍麵（依包裝標示解凍）
…1包（200g）
市售即食蛋花湯包…1包
熱水…160mℓ
亞麻仁油、麻油…各少量

作法

1. 將味噌、起司粉、白芝麻混合，以保鮮膜包裹成一顆味噌球。
2. 將解凍的烏龍麵放入碗中，放上即食蛋花湯包，倒入熱水。
3. 輕輕攪開2之後放上1，淋上亞麻仁油和麻油。
4. 將味噌球拌入湯中混合，拌到完全溶解之後再享用。

＋建議

□ 加入毛豆、玉米粒、水煮鵪鶉蛋、水煮菠菜等配料，營養價值更豐富！

配菜

以加入起司的酥脆麵衣增加鈣質

蘆筍起司炸肉捲

DHA、EPA　鈣

鐵、鋅　維生素B群　低GI

材料 （容易製作的分量、2人份）

蘆筍（切除較硬的部分）…6根
薄切豬腿肉片…6片
鹽、白胡椒…各少許
A 麵粉…3大匙
　牛奶…3大匙
B 麵包粉…25g
　起司粉…12g
芥花油（沙拉油）…適量

※麵包與優格為盛盤示意。

作法

1. 蘆筍和豬腿肉片以鹽和白胡椒調味後，用豬腿肉片將蘆筍緊緊地包捲起來。製作6條相同的肉捲，再分別切成一半。
2. 將A、B分別攪拌混合均勻。將1沾滿A的麵糊，再確實地裹滿B。
3. 在小鍋中將油燒熱，以170°C將肉捲炸至金黃色。因為麵衣很容易脫落，剛放進油鍋中時注意不要攪動。

味噌醬料中加入香醇起司

鮭魚味噌奶油起司燒

DHA、EPA　鈣　鐵、鋅　維生素B群　低GI

材料（容易製作的分量、2人份）

生鮭魚…2片
鹽、白胡椒、酒…少量
A 西京味噌、脫脂牛奶、牛奶…各2小匙
　蒜泥…少量
迷你莫札瑞拉起司球（切成4等份圓片）…3個
白芝麻…適量
青花椰菜（水煮）…適量

作法

1. 擦乾生鮭魚表面的水分，抹上鹽和白胡椒，並淋上料酒去腥。
2. 將1放在鋁箔紙上，以小烤箱烘烤10～15分鐘左右。
3. 在2的表面塗上混合好的A，隨意放上起司，再放入小烤箱中烤至起司融化，視情況加熱約5分鐘。
4. 盛入盤中，撒上白芝麻，附上水煮青花椰菜。

照燒口味讓不愛吃魚的孩子也能開心地吃

照燒旗魚排

DHA、EPA　鐵、鋅　維生素B群　低GI

材料（容易製作的分量、2～4人份）

劍旗魚（切一半）…2大片
白胡椒…少量
太白粉…適量
橄欖油…少量
A 醬油、味醂…各1大匙
　龍舌蘭糖漿…2小匙（或是蜂蜜1大匙）
萵苣、小番茄…適量

作法

1. 用廚房紙巾將旗魚片表面擦乾，抹上白胡椒調味，再裹上太白粉。
2. 以平底鍋將橄欖油燒熱，將1兩面煎熟，加入A，以比中火稍弱的火力煮到醬汁變稠。
3. 盛入盤中，以萵苣和小番茄擺盤。

吃再多個都不會膩，營養滿點

豬肉番茄毛豆餛飩
佐亞麻仁桔醋醬油

DHA、EPA　卵磷脂　鈣
鐵、鋅　維生素B群　低GI

材料（容易製作的分量、2～3人份）

A 豬絞肉…100g
白胡椒…少量
雞肝醬…⅓小匙

板豆腐（包在紙巾中用手壓出水分）…50g
小番茄（切成6等分瓣狀後再切一半）…3個
毛豆（從豆莢中剝出，依年齡可切成碎粒）…25粒
餛飩皮…25片

B 桔醋醬油…2大匙
麻油…2小匙
亞麻仁油…⅓小匙

作法

1. 將A攪拌混合，接著加入豆腐和小番茄攪拌，分成25等分。
2. 用手指在餛飩皮周圍塗水，在中間偏上的位置放上1和毛豆，摺成三角形。包好之後蓋上布巾，防止乾燥。
3. 將2放入煮滾的熱水中，煮到餛飩浮起後再2～3分鐘，等皮煮成半透明狀時，就可以撈起來瀝乾，盛入器皿中。
4. 附上混合好的B當作沾醬一起享用。

＋建議

□ 沒有雞肝醬也OK。購入時要注意鹽分和添加物。

不加肉類也能帶來滿足口感

鮪魚玉米球

DHA、EPA　卵磷脂　鈣
維生素B群　低GI

材料（容易製作的分量、直徑4cm×16個份）

A
- 鮪魚罐頭（油漬）…1小罐（70g）
- 板豆腐（包在紙巾中用手壓出水分）…150g
- 玉米粒…5大匙
- 太白粉…3大匙
- 燕麥片…1大匙
- 鹽、胡椒…各少量

沙拉油…適量

作法

1. 將A的材料全部混合攪拌出黏性。
2. 將油倒入小鍋中加熱至170℃。
3. 用湯匙挖起1，然後放入2的油鍋中炸至酥脆。

＋建議

□也可以用水煮鯖魚罐頭替換。用鯖魚的話，可以加入1小匙咖哩粉。

濃郁起司風味！配麵包配飯都很適合

毛豆濃湯

(DHA、EPA) (卵磷脂) (鈣)
(鐵、鋅) (維生素B群) (低GI)

材料（容易製作的分量、2～3人份）

A｜冷凍毛豆（解凍後從豆莢中剝出，若在產季也可以用生毛豆）…帶莢200g（去莢100g）
　奶油起司…40g
　蒜泥…少量
　牛奶…250mℓ
　雞湯塊…½個（顆粒狀約1小匙）

亞麻仁油…少量

作法

將A放入果汁機中攪拌均勻，攪拌滑順後盛入容器中，淋上亞麻仁油。

開心享用，補充維生素和礦物質

緞帶胡蘿蔔優格沙拉

(DHA、EPA) (鈣)
(維生素B群) (低GI)

材料（容易製作的分量、3～4人份）

胡蘿蔔…1條（約150g）

A｜檸檬汁…1大匙
　龍舌蘭糖漿…½小匙（或蜂蜜1小匙）

B｜原味優格…3大匙
　亞麻仁油美奶滋…1大匙
　白胡椒、蒜泥、巴西利（切碎）…各少量

作法

1. 用削皮刀將胡蘿蔔削成薄片，放入濃鹽水浸漬脫水變軟。
2. 將1的水分確實擰乾，裹滿A。
3. 將2盛入容器中，再淋上混合好的B醬料。

牛肉×菠菜解決鐵質不足的問題

牛肉炒菠菜

鈣　**鐵、鋅**

維生素B群　低GI

材料（容易製作的分量、2人份）

牛肉片…70g

白胡椒、橄欖油…各少量

菠菜（汆燙後切成3cm）

…5根（約70g）

A
- 蠔油、酒…各1小匙
- 龍舌蘭糖漿…⅓小匙（或蜂蜜½小匙）

檸檬（半圓切片）…依喜好添加

作法

1. 將牛肉表面水分擦乾，整體撒上白胡椒。
2. 以平底鍋將橄欖油燒熱，像烙烤那樣將1兩面煎熟，接著加入菠菜拌炒。
3. 關火後，加入事先拌好的A，利用餘熱拌炒混合。
4. 將檸檬片鋪成花瓣狀，再將3盛入盤中。

＋建議

- □ 加入30g玉米粒，可以增添色彩和營養價值。
- □ 沒有龍舌蘭糖漿的話，可以用1.5倍分量的蜂蜜或2倍分量的二號砂糖代替。

以香醇甘甜的白味噌補充卵磷脂

白味噌QQ布丁

DHA、EPA　卵磷脂　鈣

鐵、鋅　維生素B群

材料（容易製作的分量、4個份）

A
- 牛奶…50mℓ
- 吉利丁粉…1條裝（5g）

B
- 蛋…1個
- 二號砂糖…3大匙
- 白味噌…1大匙

牛奶…200mℓ

亞麻仁油…少量

建議

☐ 白味噌鹽分較低且帶有甜味，很推薦給小朋友食用。即使冷凍保存也不會變的硬邦邦，可以維持在方便使用的軟硬度，也可能長期保存。

作法

1. 混合A，將吉利丁泡開。
2. 在小鍋中放入B，以打蛋器攪拌混合。攪拌滑順之後，一點一點少量加入牛奶混合。
3. 以比中火稍弱的火力將2加熱，一邊加熱一邊以刮刀攪拌鍋底，加熱2分鐘左右，讓蛋液受熱。
4. 關火之後加入1將其溶解，隔著容器以冰水降溫，出現黏稠感時就可以倒入布丁模具中，並放進冰箱冷藏1小時左右，待其冷卻凝固。
5. 盛入盤中，淋上亞麻仁油。

食材本身帶有甜味，不用油也很好吃！

燕麥香蕉軟餅乾

DHA、EPA　鐵、鋅　維生素B群　低GI

(材料)（容易製作的分量、20個份）

香蕉…中型1條（淨重100g）

A 燕麥片…½杯（50g）
龍舌蘭糖漿…1大匙（或蜂蜜2大匙，可依香蕉甜度調整）

杏仁粒（可依年齡切成細粒）…15粒

(作法)

1. 香蕉放入調理盆中，以叉子背面充分地壓成泥，加入A攪拌混合。
2. 在半份的1中加入杏仁粒。
3. 將加入杏仁的2分成12等份，其餘分成8等分排列在烤盤上，用叉子將表面壓扁。
4. 用小烤箱烘烤8分鐘至稍微帶點焦色，再翻面視情況烘烤3～5分鐘。

加入牛奶中，將雪酪變成奶昔

冰可可奶昔

鈣　鐵、鋅　維生素B群　低GI

(材料)（容易製作的分量、2人份）

A 純可可粉…2大匙（12g）
二號砂糖…2大匙（18g）

熱水…180mℓ

牛奶…300mℓ

(作法)

先將A充分混合，接著加入熱水將可可粉完全溶解。可可放涼之後，倒入製冰盒中冰凍凝固。將可可冰塊放入杯中，倒入牛奶即可飲用。

✚ 建議

□ 甜度不夠的話可以加煉乳。在牛奶中加入配方奶粉（→P.101）混合，可以增添DHA、EPA和卵磷脂。

寶寶蛋酥大變身，成為華麗甜點

寶寶蛋酥南瓜聖代

DHA、EPA　卵磷脂　鈣

鐵、鋅　維生素B群

材料 （容易製作的分量）

冷凍南瓜（日本產）…200g
配方奶粉…30g
龍舌蘭糖漿…1大匙（或蜂蜜2大匙，可依南瓜甜度調整）

A
鮮奶油（動物性）…100mℓ
龍舌蘭糖漿…2小匙（或蜂蜜1大匙）

寶寶蛋酥…適量

作法

1 南瓜在冷凍狀態下直接放入耐熱容器當中，蓋上蓋子，用微波爐以600W加熱4分30秒。
2 用壓泥器將1連皮壓成泥狀之後，再依序加入配方奶粉和龍舌蘭糖漿，以湯匙攪拌混合。
3 將A混合，攪拌至發泡出現濃稠感。
4 在容器中放入寶寶蛋酥，依序疊上3、2，裝盛成聖代的樣子。

營養是沒辦法預先儲存的！需透過三餐＋補充品來攝取

3～6歲的兒童，體內各種器官和腦部正是發展最旺盛的時候，因為活動量也多，所以需要大量的營養。不過，由於腸胃等消化器官都還小，機能尚未發展完全，因此沒辦法一次消化、吸收大量的食物。

再者，水溶性維生素會隨著汗液流失，糖分也只有在新鮮的狀態下才能成為被腦部吸收的能量。因此，孩子一天不只吃三餐，應該要分成四餐來補充需要的營養才行。

而點心的部分就可以當作第四餐，用來補充三餐內不足的營養素。只不過，這餐並不是為了填飽肚子，或是滿足吃甜食的慾望，要記得提供給孩子有益於成長的點心喔！

育腦飲食菜色的十個重點

應該有許多父母在思考孩子的菜色時，會覺得又累又麻煩吧！但其實只要做到能力所及的範圍內就可以了。當在準備菜單的時候，在下列舉例的重點中，試著留意其中幾項。而在店面外帶現成料理的時候，也可以多加注意。

1 從四個食品分類中湊齊食材

2 主食從未精製的食材中準備

3 若選擇精製的主食類，可增加膳食纖維和鉀

4 以每週吃三次魚類為目標。罐頭、魚肉香腸也OK。

5 每天最少吃一個蛋

6 加入一些可以攝取檸檬酸的酸味水果

7 挑選可以養成咀嚼習慣的食材

8 注意多用深色蔬菜

9 利用食材本身的鮮味，簡單調味即可

10 飲食分量較少時，可以用牛奶或優格補充營養

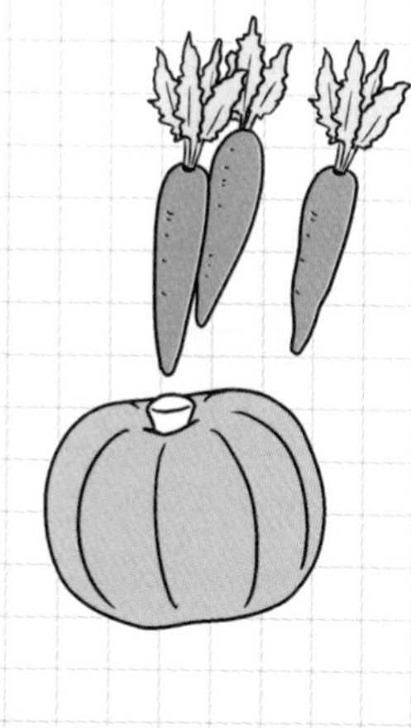

忙碌時的好夥伴
依營養素分類的儲備食材

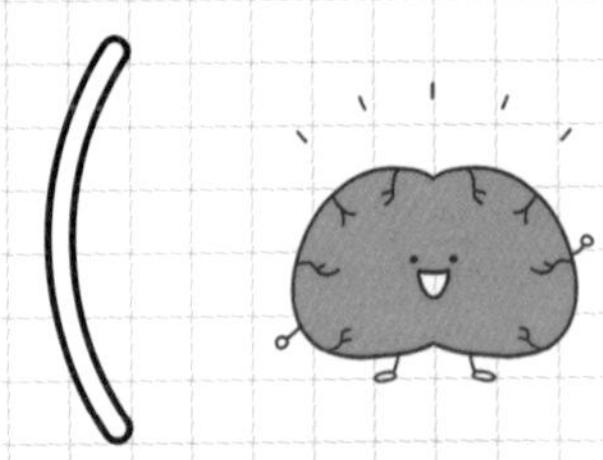

事先買好備用，
就能輕鬆製作育腦料理囉！

DHA、EPA

不需要前置處理，骨頭也都挑好的罐頭，可以快速使用，非常方便。可以加入各種食物中攪拌的鮭魚鬆，用途相當廣泛，不過要特別留意鹽分喔！

亞麻仁油

鮪魚罐頭

秋刀魚罐頭
也很推薦

鯖魚罐頭

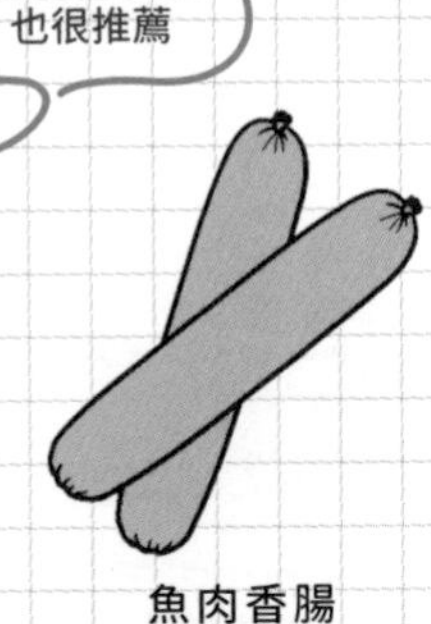
魚肉香腸

鮭魚鬆

卵磷脂

水煮或乾蒸黃豆都可以馬上使用，炒熟黃豆也OK。將高野豆腐磨碎，加入麵包粉和湯品中攪拌混合也可以。

將味噌換成白味噌也OK

加工黃豆

水煮鶴鶉蛋

紅豆罐頭

黃豆粉

寶寶蛋酥

高野豆腐

鈣

起司粉和芝麻都能夠隨意添加到各種食物當中，使用起來很方便。建議可以偶爾將平常使用的牛奶換成脫脂牛奶。

高野豆腐

起司粉

脫脂牛奶

芝麻

鮭魚中骨罐頭也很推薦

小魚乾

鐵、鋅

透過雞肝醬可以攝取鐵質，不過因為大人版本會添加鹽和添加物，所以要特別選嬰兒版本。其他營養強化的甜點也有許多會添加鐵和鋅，可以多加利用。

可可亞

麥芽飲料

冷凍綜合莓果

嬰兒用雞肝醬

配方奶粉

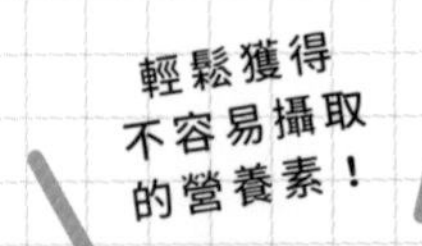

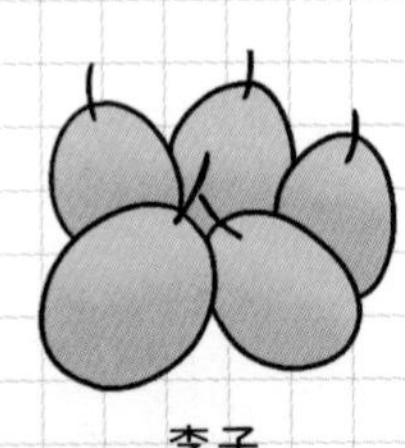

李子

腰果、杏仁

維生素B群（B_6、B_{12}、葉酸）

因為維生素B群主要存在於水果和黃綠色蔬菜中，所以也很推薦冷凍蔬菜。因為是瞬間被冷凍的，所以沒有耗損營養。甘栗是含有B_6和葉酸的最強食材。

開心果

甘栗

冷凍南瓜

冷凍花椰菜

膳食纖維

除了鬆餅和優格之外，燕麥片也可以添加到湯品中來增添黏稠感。此外，白米飯和糯麥混合就可以變成低GI飲食。

壓碾成片狀的**燕麥片**很方便食用

燕麥片

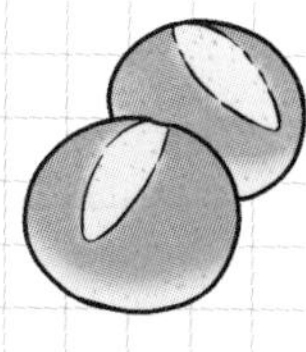

胚芽麵包、全麥麵包

可可亞

胚芽米

糯麥

讓孩子們開心的 微加工 育腦配料提案

白飯和麵包升級版

黃豆肉醬

將市售肉醬、真空包蒸黃豆、絞肉放入鍋中拌炒，炒到水分收乾出現黏稠感就可以了。之後，只需要放到麵包上加起司，用小烤箱烤一下。

補腦香鬆

只要撒一點在飯上，就能攝取到豐富的微量營養素。將白芝麻50g、青海苔5大匙、柴魚10g、小魚乾10g（無鹽，敲成細碎狀）放入平底鍋中煸炒，加入味醂和醬油各1大匙、蜂蜜1小匙，炒到水分蒸發為止。

黑芝麻鹽

磨碎的黑芝麻和天然鹽以8：2的比例混合，就可以撒在飯上了。黑芝麻可以提升免疫力，天然鹽則是可以補充礦物質。

雞蛋拌飯

雞蛋中包含了滿滿成長所需的營養。只要將生蛋打在白飯上就可以了，可以盡量多吃。做成溫泉蛋是最有利於卵磷脂吸收的方式。

黃豆粉煉乳抹醬

希望大家可以盡量用這款抹醬代替果醬。富含卵磷脂的黃豆粉4大匙、將牛奶的營養濃縮在內的含糖煉乳2大匙，再加入2大匙蜂蜜攪拌混合就完成了。

多運用一點創意，
就能夠快速地增加營養價值，
原本一成不變的餐點
會變成更有樂趣喔！

配菜和湯品升級版

淋上亞麻仁油

沙拉、湯、味噌湯、納豆、豆腐等都可以淋上約1茶匙的亞麻仁油。因為本身氣味不明顯，可以搭配任何料理。

蛋料理中加入起司粉

起司粉是鈣質的王者。製作像歐姆蛋和法式吐司等蛋料理時，都可以用起司粉代替鹽來使用。

毛豆塔塔醬

將居家常備的冷凍毛豆切碎，加入市售塔塔醬中攪拌混合就完成了。奶油乳酪也可以這樣應用。

活用昆布絲

不需要調理的昆布絲非常方便！只要在魚類、豆腐和蔬菜等拌入昆布絲，就可以補充礦物質，帶有適度的鹽分也可以用來調味。

撒一點脫脂奶粉

除了提升營養價值之外，還能在咖哩和燉煮料理中帶出香醇的味道。加入漢堡排和肉丸子等的絞肉中，也能抑制肉的腥味。

挑選食材時要注意的食品添加物

牢記常見的添加物與其危險性

防腐劑

安息香酸鈉（苯甲酸鈉）和維生素C引起反應可能會變成苯，有引發白血病等癌症的疑慮。

保色劑

火腿和香腸等為了維持鮮豔的粉紅色，都會加入亞硝酸鹽這種添加物。大量攝取可能會引起嘔吐、心悸、發紺（皮膚和黏膜變成藍紫色）、血壓降低等中毒症狀。要食用的話，建議一天以1～2條（片）為限，或是選擇沒有使用保色劑，單純以鹽醃漬，標示無添加亞硝酸鹽的商品。

染色劑

傳統零食常會使用以石油為原料製成的焦油色素和焦糖色素等人工色素。焦油色素大多都是有致癌疑慮的食品添加物。標示有紅色○號、黃色○號（○為數字）的食品都要盡量避免。

甜味劑

可以作為代糖使用的有阿斯巴甜、醋磺內酯鉀、三氯蔗糖等人工甜味劑。雖然甜味很單純，但是有引發腦瘤、肝機能損害的疑慮，也可能造成免疫力低下、發展遲緩，有許多負面影響。

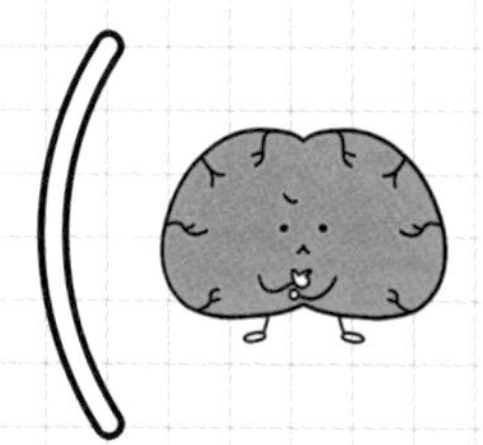

添加物具有許多危險性，
火腿、香腸盡可能選擇無添加
亞硝酸鹽的產品。其實有很多乾貨和
罐頭都是沒有添加物的唷。

除了反式脂肪和鹽分之外，還有很多需要注意的地方

人類大腦有六成是由脂質構成的，因此飲食上必須特別避開惡名昭彰的反式脂肪。除了乳瑪琳、酥油之外，在冰淇淋和布丁所使用的植物性油脂，或泡芙等所使用的脂肪抹醬當中，都含有許多反式脂肪。大量攝取的話，會減少血液中的好膽固醇，可能會造成動脈硬化、肥胖以及免疫力、記憶力降低等問題。對於腦部正在發展期的6歲以下孩童來說，尤其要全力避免才對。

要避免的添加物還有……！

功能	添加物名稱	可能的負面影響
抗氧化劑	BHA、BHT	致癌性
漂白劑	亞氯酸鈉、過氧化氫、二氧化硫等	毒性強、對胃部刺激強烈
防黴劑	抑黴唑（enilconazole）、二苯基（Diphenyl）、OPP（Orthopheny phenol）等	毒性強
增稠劑	鹿角菜膠、阿拉伯膠等	有促進癌症發展的可能性

活用蔬菜和水果中的色素成分

蔬菜和水果除了含有維生素和礦物質等營養素之外，還具有名為「植化素」的化學成分，有高度抗氧化力與促進血液循環作用的功效。植化素是植物為了保護自己不受到昆蟲和有害物質的侵害而產生的，有顏色、香氣、苦味等成分。

大腦經常感受到壓力會造成容易氧化的狀態。攝取植化素可以防止氧化，讓血液循環更順暢，促進腦部活性化。

具有色素成分的植化素可分為七種顏色。可以多加留意，一週內有沒有攝取到七種顏色的蔬果。

紅色系	茄紅素（番茄、西瓜等）、辣椒紅素（甜椒、辣椒等）
橘色系	維生素A先質（南瓜、胡蘿蔔等）、玉米黃素（芒果、青花菜等）
黃色系	類黃酮（洋蔥、菠菜等）、葉黃素（玉米、菠菜等）
綠色系	葉綠素（菠菜、青花菜、秋葵等）
紫色系	花青素（茄子、藍莓等）
黑色系	綠原酸（牛蒡、馬鈴薯等）、兒茶素・丹寧（綠茶、柿子等）
白色系	異硫氰酸酯（高麗菜、白蘿蔔、山葵等）、二烯丙基二硫（蔥、洋蔥等）

Part 3

「培養腦力」的營養素與食材選擇

打造聰明頭腦的 DHA、EPA

聰明的頭腦就是柔軟的頭腦

占大腦60%的脂肪夠柔軟的話，腦神經細胞也會變得柔軟，可以快速地掌握並傳達資訊，而讓頭腦變柔軟的脂肪就是DHA和EPA。

除了幼兒期（也就是大腦成長期）的時候需要DHA和EPA之外，為了讓腦部能維持健康運作，這兩者也是不可或缺的營養素。因為成分是以棲息在大海中的浮游生物為基礎，所以海鮮類才會含有豐富的DHA和EPA。其中含量最高的是鮪魚肚，接著是秋刀魚、鯖魚、沙丁魚等青背魚，再來是鮭魚和白肉魚。

神經突觸的發展也需要DHA

腦部受到刺激的時候，神經細胞會展開，和附近的神經細胞連結，創造出處理資訊的迴路。而這些迴路的連結點就是突觸。突觸的數量較多也是聰明頭腦的條件之一。

DHA和EPA可以促進突觸發展。也有研究報告指出，如果DHA和EPA不足，突觸的數量就會減少。

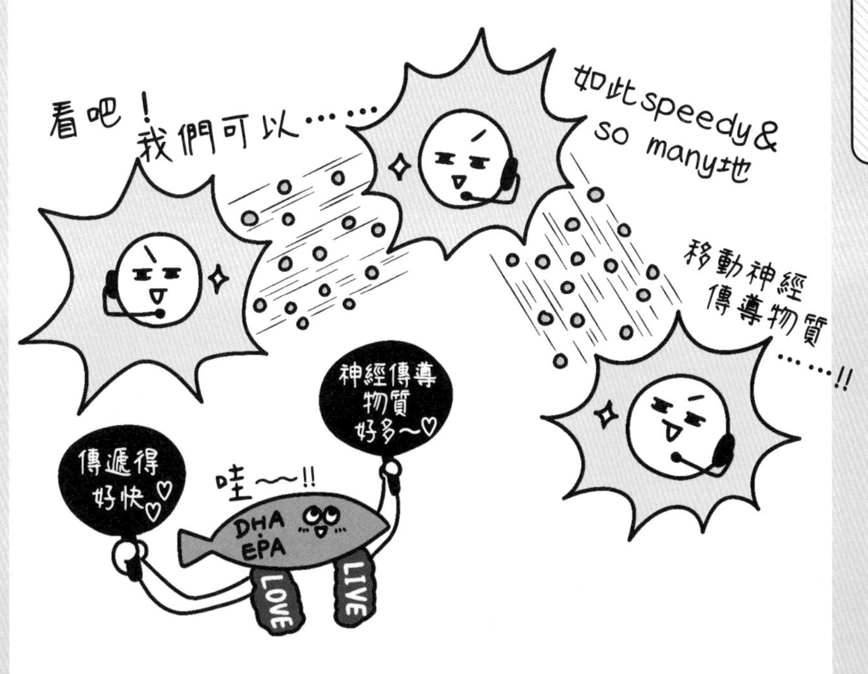

DHA、EPA可以促進腦神經迴路發展，幫助資訊傳遞更快速。

不喜歡吃含有DHA的魚類，要怎麼辦呢？

可以善用魚類加工品及罐頭等。調理時，推薦醬燒或是用平底鍋煎魚的方式。

不用堅持吃生魚

小孩子和大人比起來，對於魚腥味的敏感程度會更高。這是為了生存在察覺到危險時所做出的正常判斷，所以並不是壞事。

討厭吃魚，還是可以透過鮭魚鬆、鮪魚罐頭、竹輪等魚漿類、魚肉香腸來攝取DHA。

至於魚類的調理方式，則以能夠將魚油溶解出來、連同醬汁都可以品嘗的醬燒魚，吸收效率為最高。不過，不敢吃醬燒魚的孩子也很多，如果換成烤魚的話，為了不漏掉最重要的魚油，可以在烤爐裡鋪一層鋁箔紙，也很推薦直接用平底鍋煎。用平底鍋煎魚的話，可以保留90%以上的油脂。

當作常備菜很方便的鯖魚咖哩

將200g的水煮鯖魚罐頭、100mℓ牛奶（或豆漿）、20g切碎的咖哩塊加入鍋中混合熬煮。可夾入麵包裡做成咖哩麵包，而淋在白飯上一起吃也很適合。

使用魚肉罐頭和魚肉香腸時要注意什麼？

將溶出DHA的油汁和醬汁一起享用吧。吃魚肉香腸的時候要確認添加物！如果是兒童專用的魚肉香腸就可以安心食用。

確認鹽分與添加物

經過加熱處理後，DHA會流入油脂和醬汁中，所以罐頭可以連同裡面的醬汁一起使用。雖然使用水煮罐頭比較低卡、低鹽非常推薦，但是油漬罐頭比較香濃，即使減少調味料也能煮出美味的料理，所以就依照烹調方法和孩子的喜好選擇適合的來使用吧。

除了魚肉香腸之外，也很推薦竹輪和蟹肉棒等加工製品。不過，選購時要留意添加物，看看成分標示，選擇沒有使用對身體有害的合成染色劑、防腐劑、保色劑等添加物（→P.74）的商品。因為還有低鈉版本，所以請務必要確認鹽分的分量（→P.127）。

迷你食譜

馬鈴薯沙拉補腦版

將火腿換成魚肉香腸，減少美奶滋，加入亞麻仁油攪拌混合就可以了。當作便當的配菜也很適合。

迷你食譜

魚肉風味熱狗堡

在熱狗麵包中塗上奶油或美奶滋，夾入萵苣、魚肉香腸，再淋點番茄醬。

一起來認識DHA和EPA的夥伴——Omega-3！

DHA和EPA是Omega-3的夥伴

應該有些讀者聽過「Omega-3對身體有益」，對吧？Omega-3是脂肪酸的一種，也是「Omega-3類脂肪酸」的簡稱。

脂肪酸約有20種，可大致分為兩大類，包括富含於肉類脂肪與奶油之中的飽和脂肪酸，以及富含於魚類與植物之中的不飽和脂肪酸。

Omega-3屬於不飽和脂肪酸。其中具代表性的有富含於魚類中的DHA和EPA。

攝取同樣屬於Omega-3的亞麻酸來代替魚類

亞麻酸和DHA、EPA一樣屬於Omega-3類脂肪酸，推薦給不敢吃魚的孩子們。

亞麻酸在進入體內之後，有部分可以轉換為DHA，和DHA有一樣的功能。含有許多這種成分的有亞麻仁油、荏胡麻油和芥花油，還有核桃等堅果類。

在優格或沙拉上淋一點亞麻仁油，就可以達到類似吃魚的效果。

飽和脂肪酸
常溫為固態＝脂肪

不飽和脂肪酸
常溫時多為液體＝油脂

脂肪量較多的
肉類、培根、
奶油、泡麵、
洋芋片、甜甜圈等

雖然好吃，
但是吃多了
對身體不好

單元不飽和脂肪酸
體內可製造

多元不飽和脂肪酸
體內無法製造

Omega-9

油酸等
橄欖油、
芥花油等

Omega-6

亞麻油酸等
芝麻油、紅花籽油、
大豆油、玉米油、
葵花油等

Omega-3

DHA、EPA、
α-亞麻酸等
魚油、亞麻仁油、荏胡
麻油等

脂肪酸可以大致分為飽和脂肪酸與不飽和脂肪酸。

可以把油全部換成亞麻仁油嗎？

荏胡麻油和紫蘇油都沒問題！不過，要選擇冷壓（低溫壓榨）的精煉油脂喔。

加熱調理時建議使用橄欖油

亞麻仁油會因為加熱而氧化，因此一般都是直接使用。和亞麻仁油具有差不多效果的荏胡麻油和紫蘇油，也都不適合加熱。如果是製作需要加熱的料理的話，會建議使用橄欖油。

不易氧化的油品挑選方式

在選購油品的時候，請選擇有標示冷壓製法這種慢慢花時間製作的油品。據說使用藥物機精煉的油品開封後氧化的速度很快，在體內的利用效率會變差。

為防止開封後的氧化，建議可以放入雙層瓶或有遮光效果的容器中。開封後請放冰箱冷藏保存，並且盡可能地快點使用完畢。

肉類的脂肪和魚油有什麼不同？

魚油比較容易在體內溶解，所以比較容易變成營養。

容易吸收，讓營養更順利地送往腦部

魚類生存在接近0°C的冰冷海水中，而人類的體溫平均約36°C，因此魚油進入人體之後可以快速地溶解，比較容易被腸道吸收，也能迅速地被送往腦部。

另一方面，家畜的體溫平均落在39°C以上。在如此高的體溫時，肉類的脂肪仍是凝固的狀態，因此在進入體溫較低的人類體內，會比較不容易被吸收。

提升記憶力的卵磷脂

協助記憶新事物的能力

乙醯膽鹼是一種支援腦部活動的神經傳導物質，與記憶力相關。可以讓腦部反應更敏銳，同時具有提升記憶力與專注力的作用。

製造乙醯膽鹼的原料，就是蛋和黃豆食品中富含的卵磷脂。

據說卵磷脂不足的時候會造成乙醯膽鹼數量減少，導致訊息無法順利傳遞，進而形成記憶力衰退的原因。

重要的是要每天持續少量攝取

卵磷脂同時也是製造細胞膜的重要成分。

除了黃豆、豆腐、味噌和納豆等黃豆食品之外，也存在於蛋黃、花生、精製白米中，是可以輕鬆自然攝取的營養素，建議要每天食用。

此外，和維生素C一起攝取，可以提升吸收效果，因此可以在攝取方式下點功夫。

記起來～
卵磷脂
記起來～
這是4點35分！
學貝（ㄅㄟˋ）（ㄒㄩㄝˊ）
零食放在那裡⋯
記起來～
卵磷脂
這就不用特別記了
⋯⋯
頭
零食
調

富含卵磷脂的雞蛋要生吃嗎？加熱會不會改變效果？

雖然卵磷脂的營養素不會產生變化，但是加熱過度會變得較難消化吸收喔。

最推薦的是溫泉蛋，第二則是生蛋

像雞蛋這類富含蛋白質的食物，在經過加熱後會產生性質變化而凝固。因此，基本上生食的方式會比較利於吸收。當加熱溫度變高，加熱時間越長，多少會影響營養素消化吸收的狀況。

以蛋來說，需要花費最多時間進行消化吸收的料理方式是荷包蛋和煎蛋捲。這樣聽起來，可能會讓人以為消化吸收最快的應該是生蛋，但實際上卻是溫泉蛋（半熟蛋）。因為生蛋中含有妨礙蛋白質吸收的成分，而溫泉蛋在經過加熱之後，可以弱化該成分的效果，所以和生蛋相比之下溫泉蛋則更容易被吸收。請務必要多多攝取溫泉蛋。

迷你食譜

用微波爐做溫泉蛋

將蛋打入耐熱容器中，加入可以完全蓋過蛋的水。為了維持蛋黃完整不破裂，可以用竹籤將蛋黃戳一個洞，接著蓋上保鮮膜，以600W視情況微波40～90秒。完成後可以放在咖哩、烏龍麵、沙拉、義大利麵上，加入味噌湯中也很適合。

對蛋過敏的孩子建議如何攝取卵磷脂？

善用和蛋一樣營養滿點的豆腐、納豆及味噌等黃豆製品！

黃豆和雞蛋一樣都具有豐富的優質營養

黃豆和雞蛋都是可以攝取卵磷脂的代表性食材，兩者也都含有豐富的蛋白質。此外，黃豆含有許多現代人容易缺乏的膳食纖維，還有蛋白質代謝時必要的維生素B群。因此要是孩子對蛋過敏的話，可以透過黃豆食品攝取卵磷脂和其他營養素。

日本人從古時候開始就有攝取黃豆食品的習慣，因此消化吸收負擔小，可以有效在體內被利用。

黃豆搭配醋、深色蔬菜、海藻、菇類、水果，可以讓血液循環更好，活化腦部功能。

讓訊號傳遞能夠維持正常的鈣

鈣與神經傳導物質作用相關

鈣是人體內含量最高的礦物質，約占體重的1～2%。99%分布於骨骼和牙齒等，其餘1%則存在於血液和肌肉，全身的細胞當中都含有鈣。能夠因應身體的需求做出讓血液凝固、肌肉收縮等人體生命活動。

此外，鈣也具有讓人類在思考時所進行的情報傳遞更加順暢的功能，是腦部發展與能力發揮時不可或缺的存在。

鎮定神經，使人放鬆

鈣具有控制神經與肌肉的興奮及緊張的功能，又被稱為「天然的精神安定劑」。一旦有缺鈣的情形發生，就容易造成情緒的不穩定，而有容易生氣的傾向。

不過，鈣攝取得愈多，鎂也會排出得愈多。據研究數據顯示，鎂和鈣的均衡攝取理想比例應為1：2。富含鎂的食物有海藻類、黃豆粉等黃豆食品、芝麻以及堅果等等。

Relaxation Salon Ca
鈣
鈣
鈣
放～鬆…

對乳製品過敏的孩子如何攝取鈣質比較好？

有很多替代品都可以攝取鈣喔！

乳製品過敏專用與無添加乳品原料的食品

鈣除了乳製品之外，也可以藉由小魚乾或小松菜等蔬菜來攝取，不過這些大多是孩子們不喜歡吃的東西就是了。而能夠輕鬆攝取鈣的方法還有一個，就是乳製品過敏專用的嬰兒奶粉。把它加入咖哩或是漢堡排等各種料理中混合，都相當方便。

此外，還有特定保健用食品的麥芽飲品、鈣質強化的拌飯香鬆、芝麻等各種豐富又便利的攝取方法。藥局販售的兒童鈣質強化餅乾和威化餅，也很推薦用來當作孩子的點心。

在選購的時候，請務必確認原料中有沒有使用到乳品原料。

攝取太多牛奶和乳製品會不會造成脂肪過量？

牛奶和乳製品的脂肪成分是身體所需的必要物質。只要不是過胖都沒問題。

以一天的總攝取量作為考量

牛奶和乳製品的脂肪成分可以成為細胞膜與荷爾蒙的材料。因為在成長期的孩子體內，也能確實發揮作用，所以對於維持均衡營養來說相當推薦。

不過，要是早上、中午、點心、睡前都喝好幾杯牛奶的話，攝取量還是有點太多了。請以一天的適當牛奶攝取量為考量來飲用。

或許也有人會覺得「是不是喝低脂牛奶會比較好呢？」不過低脂牛奶不單只是脂肪量減少而已，可以幫助成長的脂溶性維生素含量也會比較少。因此，只要沒有肥胖問題，就不用擔心。

迷你食譜

海苔和起司是最強組合

在手卷壽司的餡料中加入起司，在飯糰中加入海苔和起司片包起來，在土司麵包上面放上海苔和起司片一起烤，都能同時攝取到鈣和鎂。

用以孕育心臟與大腦的血液中必須含有鐵

沒有鐵的話，腦部會窒息！

鐵是製造血液中紅血球的材料。一旦有缺鐵的情況發生，血液循環就會變差，無法將氧氣送到腦部，造成大腦反應變得遲鈍。這也有可能是形成容易疲勞或頭痛的原因。

此外，實際上為了讓骨骼能夠強健，鐵也是不可或缺的營養素。孩子在身高急速成長的時期，容易會有缺鐵的狀況發生，須特別留意。

幼兒期特別需要鐵

3～6歲是頭腦發展最為關鍵的時期。孩子的頭身比例在5～6頭身的時候，腦部占比和大人相比是相對大的，因此更需要大量的養分和氧氣。大人吸收到體內的氧氣約有20%被使用在腦部，而腦部正在發育中的孩子特別容易有缺氧的狀況，須特別注意。

然而，在孩子平時願意吃的食物中不容易攝取到鐵，而且吸收效果也不太好。所以這個時候就可以多加利用儲備類食材（→P.70）。

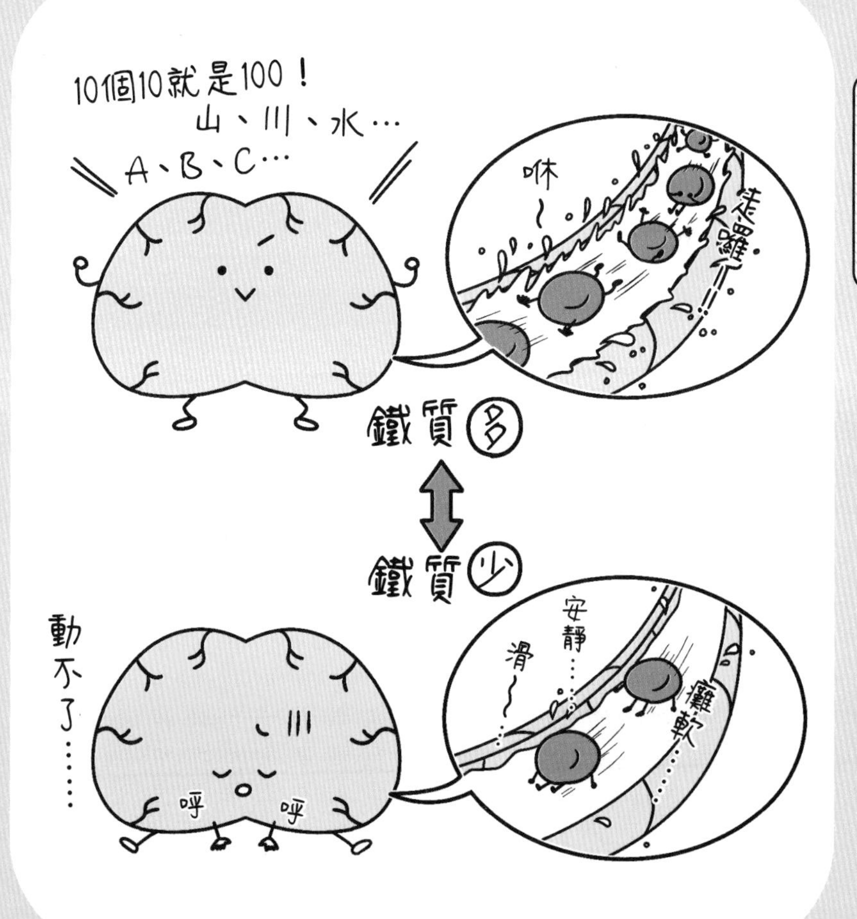
10個10就是100！
山、川、水…
A、B、C…
咻～
走躍～
鐵質多
鐵質少
動不了……
呼
呼
安靜……
滑～
癱軟……

不敢吃肝臟的話
可以用菠菜替代嗎？

吸收率較高的是血紅素鐵。
從動物性和植物性的食材中攝取鐵質吧！

攝取兩種鐵

鐵質可分為血紅素鐵與非血紅素鐵兩種，兩者在人體體內的吸收率不同。因為血紅素鐵的吸收率為10～30%，非血紅素鐵只有5%以下，所以透過攝取含有血紅素鐵的食材可以更有效地吸收鐵質。含有血紅素鐵的食材有肉類和魚類等動物性食品；含有非血紅素鐵的食物則是黃豆食品和青菜。

鐵質在體內被吸收的時候，一定要和蛋白質結合才能夠輸送。因此，請和含有豐富蛋白質的肉類、魚類、蛋或乳製品、黃豆食品等食物一起攝取。

迷你食譜

不妨試試「隱藏鐵質」

要是擔心不愛吃飯的孩子容易有缺鐵的狀況，可以在漢堡等平常吃的點心中抹上嬰兒用雞肝醬，技巧性地混入孩子的飲食中。

要如何知道孩子是不是缺乏鐵質呢？

自覺狀況比較少，
可以確認皮膚的紅潤程度

缺鐵狀況可以簡單地進行確認

如果孩子的臉色比平常還差，可以稍微用力壓一下指甲，再放開觀察看看。如果指甲沒有馬上就恢復紅潤，就有缺鐵的可能性。而有想要吃冰或是下眼皮內側發白等現象，也是缺鐵的特徵症狀。

嬰兒期如果有缺鐵的情況，孩子會容易有心情不佳以及愛發脾氣的狀況發生。進入到幼兒期的時候，則會有容易疲累、快速站起時會頭暈的症狀出現。

也有報告指出，要是嬰幼兒期長期維持在缺鐵的狀態，會影響就學後的學習能力、忍耐力與專注力。因此，要讓孩子從小開始就積極地攝取鐵質。

大腦的作用需要各種礦物質的協助

雖然需要量很微量，但只要缺乏就會有問題

目前為止所介紹的鐵和鈣等等的礦物質都無法在體內製造，因此必須透過飲食來攝取。而需注意要避免攝取過量的鹽分，其實也是礦物質的一種。攝取不足或過量的礦物質，都會讓身體狀況變差。

與記憶力相關的鋅也很重要

鋅雖然也是微量元素，但對大腦的運作來說，卻是很重要的營養素。

鋅一旦有缺乏的狀況發生，就會造成記憶力衰退的問題。這是因為鋅具有「能夠喚起腦中已整理好的記憶資訊」的功能。

此外，鎂這項營養素可以協助300種以上的酵素進行作用。除了有助人體製造能量，還能夠抑制神經的興奮。

在右頁圖表中，將主要礦物質及其作用加以歸納分類。

礦物質對於腦部的主要功能

	主要的功能	缺乏時的情況	主要的食品
鈣	協助神經傳導物質作用	情緒不穩定	乳製品、黃豆製品、小松菜、魩仔魚
鐵	輸送氧氣	學習能力、忍耐力、專注力下降	肝臟、紅肉、黃豆、果乾
鋅	喚起記憶資訊	記憶力衰退	牡蠣、黃豆製品
鎂	協助酵素作用	腦部發展障礙	貝類、海藻類、黃豆製品、堅果類
鉀	協助神經傳導物質作用	腦部機能衰退	乳製品、黃豆製品、蔬菜、水果

只要吃蔬菜和水果就能攝取礦物質了嗎？

有些礦物質比較不容易攝取，不過可以多利用儲備類食材攝取喔！

不容易攝取到的礦物質

在乳製品、黃豆製品、蔬菜、水果當中大多都含有礦物質，不過還是有些礦物質比較難攝取到，例如：鐵、鋅、鎂。

補鐵可吃肝臟、牛肉、黃豆和果乾等，補鉛則是吃貝類、牛肉、黃豆、起司等，補鎂可以吃黃豆、菠菜、堅果類等，這些食材都含有上述豐富的礦物質（→P.184～185）。

建議平常就將能夠充分攝取各種營養素的食品準備好儲備起來（→P.68～71）。

擔心缺乏礦物質的話要怎麼辦呢？

推薦使用嬰兒用的配方奶粉與營養強化的點心等！

輕鬆攝取均衡的礦物質

嬰兒用的配方奶粉對於攝取礦物質非常有幫助。其中包含了均衡的鐵、鋅、鈣、鎂等腦部發展所不可或缺的營養素。可以泡在牛奶中一起喝、加入奶油燉菜中混合、用來做點心等等，用途廣泛而且很方便。

此外，以日本來說，直接挑選標示有國家認證的「特定保健用食品」標章的食品也很方便。在台灣則可選擇通過衛服部審核，標示有俗稱「小綠人標章」的「健康食品」。

迷你食譜

牛奶雪酪

將40ｇ配方奶粉加入200㎖的100%純柳橙汁中泡開，再倒入製冰盒中冷凍，就能做成雪酪冰塊。請各位務必試試儲備一些在家裡。

維生素B群容易有攝取不足的問題

無法儲存在體內的水溶性維生素

維生素和礦物質一樣，都是腦部發育時不可或缺的物質。其中，維生素B群和維生素C屬於水溶性維生素，會隨著尿液或汗液排出體外，所以要注意時常補充，這點非常重要。

尤其是維生素B群，不像維生素C在大部分的蔬菜和水果中都能攝取到，因此很容易會有缺乏的情況。

維生素B_6除了能製造神經傳導物質，也和免疫功能息息相關。維生素B_{12}與葉酸則是腦部發展必不可少的營養素。此外，將醣類轉換為能量的時候，維生素B_1是不可或缺的營養素（→P.110）。

聰明地攝取早餐吧！

早上起床後，為了一整天都能夠活力充沛，建議在早餐中攝取維生素B群。

除了起司和優格之外，含有均衡必要營養素的穀片與燕麥片、具有維生素B群強化的麥芽飲料，也請務必納入早餐的飲食清單中。

維生素對於腦部的主要作用

	主要的功能	缺乏時的情況	主要的食品
維生素B_6	製造神經傳導物質、紅血球與免疫物質。協助神經傳導	貧血、口內炎、皮膚炎、免疫功能不全、腦部認知機能等發育、發展障礙	黃豆製品、鮭魚、馬鈴薯、香蕉
維生素B_{12}	製造神經傳導物質、紅血球。協助神經傳導	貧血（無法運送營養素至腦部）、腦部認知機能等發育、發展障礙（尤其是到6歲左右）	黃豆製品、鮭魚、沙丁魚、蛋
葉酸	製造紅血球。蛋白質與胺基酸的生物合成	記憶障礙、腦部認知機能等發育、發展障礙（尤其是到6歲左右）	毛豆、玉米、番薯
維生素A	防禦病毒侵害	沒有力氣、沒有興致	南瓜、胡蘿蔔、起司、蛋
維生素C	幫助鐵質吸收	IQ下降	柑橘、草莓、青花菜
維生素E	防止細胞膜氧化	記憶力、專注力下降	堅果類、酪梨、蛋

如果有孩子們願意接受的蔬菜就好了……

多加活用營養豐富的超級豆類——毛豆吧！

建議常備毛豆

毛豆同時具有豆類的營養素與黃綠色蔬菜的好處，是非常優秀的食材。透過毛豆可以攝取到蛋白質、膳食纖維、鉀、鈣等礦物質，還有維生素B_1、B_2、葉酸等維生素B群與維生素C。

雖然正值產季的時候新鮮毛豆也很不錯，不過在此想推薦給大家的是冷凍毛豆。或許有些人會對冷凍食品存有疑慮，但因為都是在產季採收後，就立即水煮冷凍加以保存，所以營養價值並未流失。而且不需烹煮只要解凍就能馬上食用，一年365天都能用，好處數不完。選購時建議選擇值得信賴的品牌。

塗在麵包上的毛豆奶油乳酪抹醬

在奶油乳酪（約20g）中加入切碎的毛豆20g，用湯匙攪拌均勻即可。用人造奶油代替也很推薦，可以補充葉酸與蛋白質。

孩子討厭吃蔬菜要怎麼辦？

試著消除孩子不敢吃的味道吧！

討厭蔬菜的原因和克服方法

孩子用來感覺食物味道的味蕾細胞數量大約有大人的三倍多，也就是說，小孩比大人更能感覺出蔬菜的味道。苦味會被孩子判斷為有毒，酸味則是被判斷為腐敗，因此會不喜歡吃也是理所當然的。

青椒可以用心型模具壓出造型，胡蘿蔔可以用削皮刀削成薄片、浸泡鹽水，讓它看起來就會輕盈透亮又可愛。此外，青椒稜角愈多吃起來愈甜，可以和孩子一起玩「數數稜角，找出哪個青椒比較甜」的遊戲，也可以讓孩子藉此對吃飯這件事產生興趣。

迷你食譜

料理方式建議

苦味→翻炒、油炸
酸味→以砂糖和味醂增加甜味
草腥味→與美乃滋、牛奶等乳製品混合
口感→改變切法和大小
外觀→切碎，混入其他食材中

血糖值會影響專注力和活動力

造成血糖值上下波動的組合

透過飲食攝取的醣類會因為酵素等作用在體內被分解為葡萄糖，葡萄糖被腸道吸收之後，在血管內的數量就會增加。要是糖分一口氣快速進入體內，而消耗能量的速度又趕不上的話，血管內的葡萄糖數量就會增加，造成血糖值急速上升。

這麼一來，調整血糖值的荷爾蒙──胰島素就會持續分泌，讓血糖值瞬間下降，我們將這樣的情況稱為血糖波動。

不穩定的血糖值會使專注力下降，造成心智混亂

如果身體持續在血糖值上升的高血糖狀態，會引起名為「糖化」現象的細胞劣化，這也是腦部作用惡化的原因。此外，一旦有血糖值下降過多，造成低血糖狀態發生時，大腦會無法運作，進而造成專注力下降、想睡或倦怠等情況。

血糖值急遽的上下波動會讓腦部疲勞，導致精神不穩定的狀態，因而讓人容易有焦躁易怒的狀況產生。

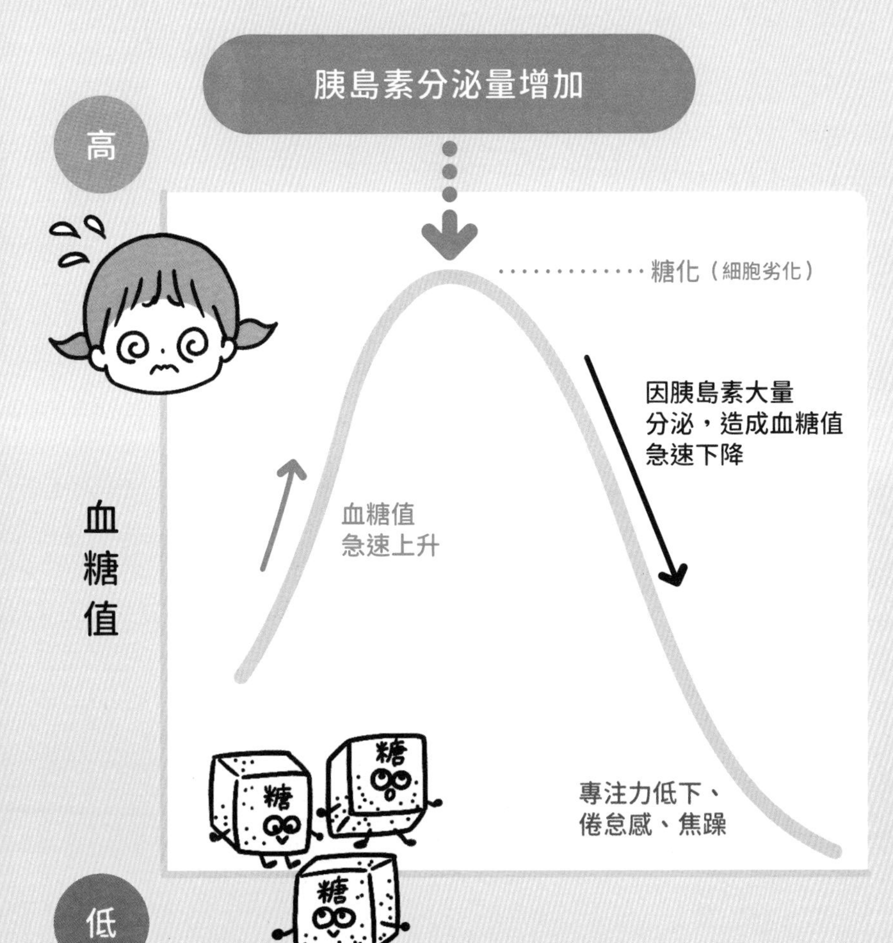
胰島素分泌量增加
高
糖化（細胞劣化）
因胰島素大量
分泌，造成血糖值
急速下降
血糖值
急速上升
血
糖
值
專注力低下、
倦怠感、焦躁
糖
糖
糖
低

怎麼吃才不會讓血糖過度上升呢？

高GI與低GI食物的組合，可控制血壓以緩和的速度上升。

搭配低GI食材，讓糖分被緩慢地吸收

GI值是一項顯示血糖值上升程度的指標。以攝取葡萄糖後的血糖值上升率為100做為基準，來標示各種食材攝取後的上升數值。

當我們在食用白米和白麵包之類的高GI值食物時，可以搭配根莖類蔬菜以外的蔬菜、菇類或藻類等低GI且含有豐富的鉀與膳食纖維的食品一起享用。富含蛋白質的乳製品和雞蛋也有抑制血糖的功效。

100	葡萄糖
70～99（高GI）	法國麵包、精製麵粉做的麵包、煮好的白飯、南瓜 等
56～69（中GI）	全麥麵包、水煮義大利麵、香蕉、冰淇淋 等
55以下（低GI）	糙米、裸麥麵包、水煮全麥義大利麵、柳橙、葡萄、蘋果、牛奶（乳脂含量3%）、無糖優格、花生 等

迷你食譜

用心降低GI值

雖然最佳食材是糙米和胚芽麵包，不過在白米中加入大麥片一起煮，在鬆餅粉中加入燕麥片一起煎烤，也能降低GI值。

孩子只想
吃白飯和麵包……

選擇精製程度較低的麵包和米飯吧。
和含有膳食纖維等物質的食材一起攝取更好喔！

在食品的挑選和搭配方式多用心

原本存在於米、麥等穀物中的膳食纖維與礦物質，就具有抑制體內的醣類吸收速度的效果。白米和白麵包在精製的時候因為脫去了穀物外殼，流失許多膳食纖維和礦物質，所以食用時會讓醣類被一口氣快速吸收，容易導致血糖值急速上升。

米飯方面可以選擇精製程度較低的胚芽米，或是在白米中添加含有豐富膳食纖維與礦物質的糙米、雜糧、大麥等。至於麵包的部分，則是推薦使用全麥麵粉（未精製麵粉）、雜糧與裸麥等製成的偏褐色麵包。

想幫麵包和鬆餅增加甜味的話，推薦少量就能感覺到甜味的龍舌蘭糖漿，比起蜂蜜和楓糖也比較不易使血糖值上升。

糖分過多與焦躁之間的連結

大量消耗維生素B_1會使精神不穩定

攝取過多的砂糖容易讓孩子變得易怒，這是因為身體為了消耗攝取的砂糖，需要大量維生素B_1的緣故。

維生素B_1是代謝醣類不可或缺的營養素，一旦有不足的情況發生時，就會造成攝取的醣類無法轉換為能量的狀況。而要是維生素B_1用盡的話，就會變得容易疲勞、精神不穩定，而且情緒也容易變焦躁。

小點心中含有的糖分分量

小朋友點心中含有比想像中更大量的砂糖。舉例來說，一片巧克力就含有約20ｇ的砂糖，一杯碳酸飲料約有20～30ｇ，而鮮奶油蛋糕也有30ｇ。

一天之中所需的適當砂糖攝取量3～5歲是5ｇ，6～7歲是10ｇ，因此很容易一不小心就攝取超標了，所以在給孩子點心的時候，要特別留才行。

預計2023/08出版

看見屍體的男人 I：起源

空閑K／著

YES24書店 好評直逼滿分！
NAVER網路小說 實力評選TOP5！
粉絲狂推 絕對要出版 之作！

為什麼這些屍體，只有我看得到？

某天，南始甫發現了倒在路上的屍體，趕忙向周遭求助，但其他人似乎都看不到屍體，反而覺得他是怪人而紛紛走避。而後警察到了現場卻因為找不到屍體，將他以報假案為由帶到警局。正當狀況折騰又混亂，他卻又在警局廁所裡撞見了另一具屍體——而且同樣只有他才看得到！南始甫逐漸意識到，接連看到的可能不是真正的屍體，而是基於不明原因出現在眼前的未來預言……。

此為原文書封

預計2024/01出版

在那開滿花的山丘，我想見到妳。在那流星墜落的山丘，終與你相遇（暫定）

汐見夏衛／著

日本史上 最催淚的青春小說！累積銷售超過 50萬 本！
改編 電影 即將於2023年12月搬上大銀幕！

國中二年級的百合，過著覺得母親、學校的一切都很煩的生活。和母親吵架後離家，再睜開眼時，她來到七十年前、戰爭時期的日本。百合被偶然路過的彰所救，在與他生活的日子中，漸漸被彰的誠實與溫柔吸引。然而，他是一名特攻隊隊員，之後的命運是要賭上來日無多的生命飛往戰地——。
而後，百合偶然間知道了彰真正的心意……。
時光荏苒，百合最終回到了自己的時代。經歷過殘酷歲月的洗禮，她變得比從前更加隨和且惜福。儘管如此，失去彰的痛楚仍讓她揪心不已。某天，一位轉學生突然出現在百合眼前，她一眼便認出來，那人就是轉世後的彰——

汐見夏衛／著

將我的永遠全都獻給妳

請不要忘記，世界上有那麼一個人，一個只要妳活著，就感到幸福的人。

遭家人、同學苛待，失去生存意義的少女・千花。在被日復一日的絕望擊潰的雨天裡，一位不可思議的少年・留生出現在她眼前，為她撐起了傘，並輕聲留下一句：「——終於找到妳了……」
男孩陪伴在千花身邊，用溫柔融化了她封閉的心。但兩人之所以能相遇，背後竟隱藏著跨越悠久歲月的悲劇宿命——

日本邁向第十刷！
網友一致推薦的純愛之作！

此為原文書封

汐見夏衛／著　預計2023/10出版

永別了 說謊的人魚公主（暫定）

圍繞著生與死的揪心戀物語

總是以輕飄飄笑容示人的綾瀨水月，在班上向來是特立獨行的存在。坐在她前面的，則是和誰都不來往，形單影隻的怪人・羽澄想。宛如浮萍般漂泊在世上的兩人，因某個契機而開始越走越近。但現實卻遠比想像中更加殘酷——

《你在月夜裡的閃耀光輝》作者
佐野徹夜推薦!!
汐見夏衛再次突破自我！
青春小說頂點之作！

《閱無限系列》閱讀不受限！

李書修／著

平台家族

「照亮我人生的那道光……
就是錢吧。」

秀敬因為險遭性侵而遞出辭呈，變得足不出戶。然而，這個家正面臨著緩慢，但明顯下沉的不安與貧窮。「有些憤怒會被迫平息，被貧窮現實搞得連顯露出來的機會都沒有。」於是在全家失業四個月後，她決心做出改變……。

雙文學獎得主探討勞工現實的最新力作
YES24書店9.6分極高評價
台韓各界學者/名人專文推薦

蜂蜜醬／著

見鬼的法醫事件簿

死者的要求

偶爾看得到鬼魂的法醫白宜臻，
為了避免被糾纏，常常裝作沒看見，
然而某天的解剖室裡，
卻出現了她再也無法忽視的「人」。
為了解決接連冒出的靈異事件，
擁有時靈、時不靈陰陽眼的她，
只好以法醫專業替死者發聲、找出真相，
追查案件的過程也讓她與世界有了聯繫。

PTT媽佛板被推爆的小說正式出版！
獨家收錄未曾公開發表的番外篇！

一旦攝取過多糖分的話，需消耗大量的維生素B1，導致造成容易焦躁的狀況。

水果含有許多果糖，需要減少攝取量嗎？

當季水果是維生素和礦物質的寶庫。只要注意卡路里，就能積極的攝取！

該注意的是甜點與果汁的糖分

當家中有不喜歡吃蔬菜的孩子時，幸好還有水果這類食材能夠讓孩子攝取到維生素和礦物質。尤其是在當季盛產的水果中，更是富含了該季節所需的營養素。舉例來說，夏天的西瓜就最適合用來補充隨著汗水而流失的水溶性維生素和礦物質。

而和水果相比，我們更應該留意的是碳酸飲料、用水果製作的調和果汁、以及大人喝的蔬果汁。因為這些都含有大量的糖，所以很容易就會攝取過量的糖分。此外，一瓶就能攝取到大人一天所需營養的商品，因為很容易就會攝取太多脂溶性維生素，所以請避免讓孩子飲用。

什麼樣的點心適合愛吃甜食的孩子呢？

推薦自己做點心！如果要在店面購買的話，記得確認糖分與添加物。

利用食材的天然甜味就能滿足需求

大部分的小孩都很喜歡吃甜的東西。原本透過乳製品、蔬菜、水果等食材天然的甜味就能獲得滿足，但是如果已經習慣了過量的糖分，就會變得需要更多糖分來滿足需求。請參考培養腦力的點心食譜（→P.62）。

請確認市售甜點的添加物

購買市售點心的時候，希望各位留意成分當中所含的鹽分、糖分和添加物（→P.74）。在日本藥局等商店所販售的嬰幼兒食品，因為針對添加物的部分，大多都有通過厚生勞働省所制定的嚴格標準，因此非常推薦。

迷你食譜

添加牛奶製作「喝的甜點」

各種食材都可以藉由和牛奶混合，提升營養價值。推薦下列組合給大家！草莓牛奶、可可牛奶、優格牛奶、麥茶牛奶、香蕉牛奶、芝麻牛奶、黃豆粉牛奶等。

大腦與身體需要優質的蛋白質

身體是由蛋白質所組成的

蛋白質是製造肌肉、血液、臟器和毛髮等，組成人類身體必備要素所不可或缺的營養素。而保護身體能不受到細菌和病毒侵害的免疫細胞，也是由蛋白質所組成的。

大腦也是一樣，其中有40%是由蛋白質組成的。

蛋白質為神經傳導物質的材料

此外，在腦部神經細胞之間進行訊息傳遞工作的神經傳導物質，同樣也是以蛋白質做為材料。

在腦中，訊息會有如傳接球一般地被不斷傳遞，而其中擔任「球」這個角色的就是神經傳導物質。當球的數量愈多，思考的進行就會愈順利。反之，要是缺乏神經傳導物質的話，就會讓腦部運作能力變差。

就跟腦部有60%是由脂肪所組成，所以需要攝取好油的道理一樣，當我們在攝取蛋白質的時候，也要記得盡可能地攝取優質蛋白質。

我們會
讓大腦
變柔軟喔！
我們可以組成
大腦＆用來製造
神經傳導物質喔！
DHA
EPA
蛋白質

雖然聽過「必需胺基酸」，但那到底是什麼呢？

是指體內無法自行製造的9種胺基酸！

必需胺基酸一定得由食物中攝取

胺基酸的種類有20種，其中有11種是體內可以自行合成的，剩下9種必須由食物中攝取的，就稱為必需胺基酸。蛋白質中含有愈多種必需胺基酸，就愈能被有效地運用在肌肉與腦部的製造過程中。

此外，神經傳導物質也是以這些胺基酸所製作組成的。例如，色胺酸可以用來製造幸福物質——血清素，苯丙胺酸則可以轉化為提升幹勁與專注力的多巴胺等。

迷你食譜

補充離胺酸的黃金組合

在白飯上放上溫泉蛋和柴魚片，淋點亞麻仁油和桔醋醬油攪拌一下。只要像這樣多幾個步驟，就能讓胺基酸評分和Omega-3更提升。

必需胺基酸的9個種類！

	主要的功能	主要的食品
色胺酸	用來製造神經傳導物質	鰹魚、牛或豬肝、蛋
苯丙胺酸	用來製造神經傳導物質	牛肝、黑鮪魚、雞胸肉
蘇胺酸	促進生長，若缺乏會造成貧血和成長障礙	黑鮪魚、豬里肌瘦肉、蛋
甲硫胺酸	用來製造蛋白質、穩定情緒	黑鮪魚、雞胸肉、豬里肌瘦肉
纈胺酸	製造肌肉、作為腦神經傳導物質的材料	黑鮪魚、牛或豬肝、加工起司、豆腐
白胺酸	肌肉的合成與維持	鰹魚、雞胸肉、蛋
異白胺酸	製造肌肉、促進成長、協助神經機能	黑鮪魚、豬里肌瘦肉、蛋
離胺酸	提升免疫力、提高專注力、將脂肪轉化為能量	鰹魚、竹筴魚、高野豆腐
組胺酸	製造血液、促進成長、在食慾中樞進行作用	鰹魚、黑鮪魚、竹筴魚

孩子需要攝取胺基酸評分較高的食材

胺基酸評分高代表營養價值也高

將必需胺基酸的均衡性數值化，就會得到胺基酸評分。將上限設定在100，數值愈高，就代表含有愈均衡的必需胺基酸，可以被視為具有營養價值的優良食品。胺基酸評分為100的肉類、魚類、牛奶、蛋、優格等，都是優質的蛋白質來源。

不要攝取過多肉類脂肪，請適量攝取

肉類雖然胺基酸評分高，含有優質的蛋白質，但是脂肪當中也含有較多飽和脂肪酸，要是攝取太多的話據說會讓大腦變硬，這是其中一個原因。另外，還有一個原因是，如果飽和脂肪酸融入體內（→P.85），會讓傳接資訊的神經傳導物質的動作變遲鈍。因為肉類脂肪在體內的吸收率很好，所以建議適量攝取就好。

建議蛋白質一天的攝取量（推薦量）參考如下：3～5歲為25ｇ，6～7歲為30ｇ。

胺基酸評分與食材範例

評分	食材範例
100	牛奶　優格　起司　蛋　雞肉　豬肉　牛肉　柴魚片　竹筴魚　沙丁魚　鮪魚　鮭魚　海瓜子　黃豆　毛豆　豆漿　燕麥　青花菜　南瓜　香蕉
99~70	蘋果**98**　高麗菜**92**　精製白米**89**　西瓜**88**　番茄（生）**82**　牛蒡（生）**77**　杏仁粒**74**
69以下	吐司**49**　烏龍麵（生）**49**

雖然想讓孩子吃肉，但是又在意脂肪

選擇脂肪較少的肉類，
或是在調理時將脂肪切除再使用就可以！

視情況減少脂肪分量

挑選肉類的時候，可以選擇脂肪含量較少的部位。以雞肉來說，可以選擇低脂的里肌肉和胸肉。不過，脂肪含量較少的肉類用平底鍋煎會容易變得乾柴，所以用燉煮或是低溫舒肥的方式加熱，就能煮出柔軟的肉。而脂肪較多的雞腿肉等部位，只要在調理的時候先切除脂肪，就能安心使用。

此外，膳食纖維具有延緩脂質吸收的效果。在肉類料理的配菜中加入適量的番薯，以肉類捲起蘆筍，或是和蔬菜搭配著吃，都可以避免攝取過量的動物性脂肪。

迷你食譜

簡易雞肉火腿

將1片雞胸肉以½大匙糖、½小匙鹽、1大匙優格等加以搓揉醃漬、靜置半天。裝入耐熱保鮮袋之後，放進煮滾的熱水中，蓋上蓋子、關火，靜置2小時就完成了。

哪些是需要積極攝取的蛋白質呢？

攝取乳鐵蛋白可以提升免疫力喔！

嬰兒專用的配方奶粉用途廣泛

乳鐵蛋白是蛋白質當中所含有的一種成分，因具有提升抗病毒機能和提高免疫力的作用而受到矚目。雖然對於人體是一種非常有益的成分，但只有母乳當中才含有豐富的乳鐵蛋白，無法從日常所會攝取的食品中攝取到。即便牛奶裡頭也含有乳鐵蛋白，但是在加熱殺菌的時候，乳鐵蛋白的功能就會受損。

而能讓我們輕鬆攝取到乳鐵蛋白的是嬰兒專用配方奶粉。當想要預防感冒等需要免疫力的時候很有幫助，不只是小孩，是連大人也都能夠持續攝取的營養素。

調整腸內環境 提升免疫力

免疫細胞可以保護身體不受細菌與病毒侵擾

免疫細胞可以擊退由外入侵體內的細菌與病毒，雖然它們會在血管和淋巴管中繞行守護全身，但其中有約60～70%存在於腸道中。而防止細菌透過食物入侵人體，也是腸道的重要工作。

一旦有便祕或下痢等讓腸道功能變差的情形發生，免疫細胞作用就會變得遲鈍。為了提升免疫力，調整腸內環境是非常重要的。

確實攝取乳酸菌與膳食纖維

人體腸道中存在著三種腸內細菌，包括有益菌、壞菌和伺機菌。益菌的代表是可以調整腸道功能的乳酸菌。一旦飲食生活混亂，導致壞菌增加的情況發生時，伺機菌就會和壞菌共同行動，造成免疫力下降，因此平時就要好好維護益菌的優勢環境，這一點非常重要。

此外，能夠幫助腸道內老廢物排出的膳食纖維，也要確實地加以攝取。膳食纖維同時也是益菌的糧食，可以協助整頓腸內環境。

唔～嗯……
免疫力
淅瀝－
嘩啦－

有吃蔬菜，但還是排便不順

想要調整腸內環境，就必須攝取水溶性膳食纖維！

排出老廢物，讓腸道恢復精神

膳食纖維可分為水溶性和非水溶性兩種。水溶性膳食纖維溶入水分中會變成果凍狀，可以在腸道中停留較久的時間，具有「吸附不需要的物質，將其排出體外」的功能，也就是說能夠整頓腸道內的環境。

另一方面，非水溶性膳食纖維在腸道內會膨脹並變粗糙。雖然可以刺激腸道蠕動，但光這樣是沒辦法讓腸內細菌變得有活力的。蔬菜中的膳食纖維大多是非水溶性的，因此非常建議要積極攝取含有水溶性膳食纖維的食品，來作為益菌的糧食。

水溶性膳食纖維	海帶芽、鹿尾菜、蒟蒻、大麥、糙米
非水溶性膳食纖維	高麗菜、萵苣、菠菜、竹筍、杏鮑菇、黃豆
含有水溶性、非水溶性纖維	牛蒡、胡蘿蔔、馬鈴薯、奇異果、酪梨、李子、納豆

要吃什麼才能改善腸內環境呢？

多攝取含有豐富乳酸菌的發酵食品吧。
搭配寡糖一起食用，效果更好！

特意攝取可以增加益菌的食材

益菌不會自然地增加，因此必須攝取能增加益菌的食物，例如：含有乳酸菌的發酵食品。建議可以讓小孩子吃優格、天然起司、納豆、不含酒精成分的甜酒釀。味噌、醃漬物、泡菜雖然也是發酵食品，但是容易攝取過量鹽分，因此要注意食用量。

而食物搭配寡糖一起攝取的話，可以提升腸內益菌作用的效果。建議可以在優格中淋上寡糖糖漿，或是和香蕉、蘋果等水果一起享用。另外，肉類是壞菌最喜歡的食物，要是長期以肉食為主的話，會讓腸內的壞菌占上風，所以也別忘了搭配可以當作益菌糧食的蔬菜（膳食纖維）一起吃。

注意鹽分攝取過量的問題！

鹽分攝取過量會成為將來疾病的隱憂

要是體內攝取超出必要量的鹽分，會由腎臟負責過濾，再以汗液和尿液的形式排出體外。然而，這對發展中的孩子的腎臟來說，會是相當大的負擔。

此外，要是血液中的鹽分增加過多的話，會變成妨礙血液流通的原因，進而造成腦部作用變遲鈍。

孩子在11歲左右之前的階段是味覺發展的重要時期，如果都只是攝取那些高鹽分的食物，就無法體會清淡食物的美味，變得只喜歡吃重口味的東西，將來罹患生活習慣病的風險也會提高。

調味時要記住鹽分適量即可

減少鹽分的關鍵在於美味的高湯。因為嬰幼兒的味蕾（感覺味道的器官）數量是成人的3～5倍，所以只要淡淡的調味就會覺得好吃。

除了加入高湯之外，添加芝麻的香氣或柑橘類的酸味吃起來也很美味，只要加入適量的鹽就足夠。鹽分較高的點心和速食等都要特別留意。

鹽分的建議攝取量與實際攝取量

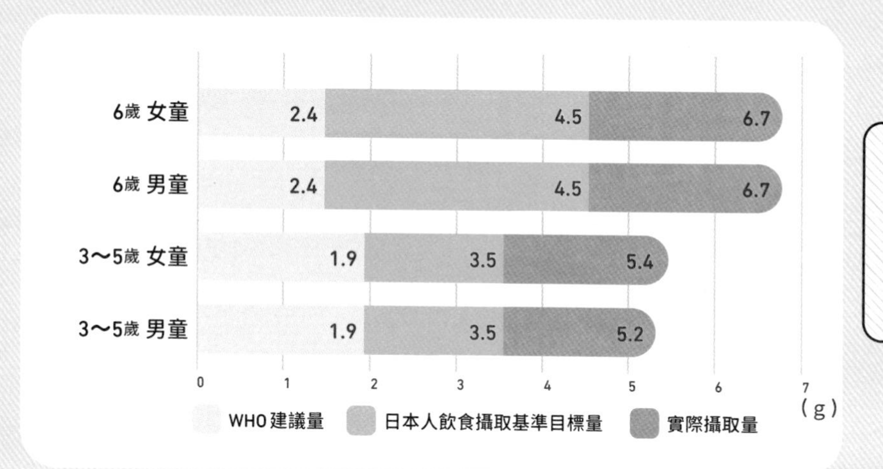

常見市售商品的含鹽量

鮪魚美乃滋飯糰（1個）……1.1g	綜合比薩（1片）……7.3g
漢堡排（1人份）……3.4g	肉醬義大利麵（1人份）……4.5g
鮪魚三明治……1.0g	白飯（1碗）……0g
焗烤奶油燉菜（1人份）……2.4g	切片吐司（1片45g）……0.5g

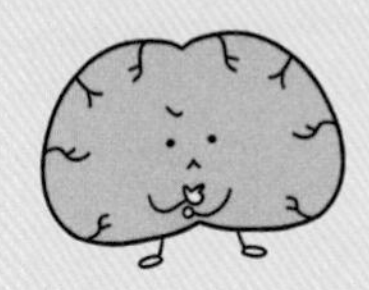

家長的飲食含鹽量偏高，孩子的攝取量也會變多，需要特別注意。

比起保健食品，不如用容易取得的食材和奶粉等強化營養

即使擔心沒有攝取到必要的營養，也不建議讓孩子使用營養保健食品。因為孩子的代謝能力還沒發展完全，有報告指出，透過保健食品攝取過剩的營養素會累積在體內，造成肝臟機能負擔。雖然也有兒童專用的保健食品，但是因為有調味讓它變得比較好吃，容易吃太多，還是會有營養過剩的問題。

只要能在一週內攝取均衡的飲食，就不需要擔心。還有，在日常飲食中有很多像是亞麻仁油、燕麥、起司粉、糯麥等，只要加一點就能攝取到營養的便利食材。請各位務必試試本書中介紹的搭配食材及儲備糧食（P.68～73）。

配方奶粉及藥局販售的鐵、鋅強化的威化餅或蛋酥等小點心，定位介於食品與保健食品之間，推薦給需要強化營養的孩子。

Part 4

讓孩子自然說出「想吃飯！」的飲食規則

一定要吃早餐

- 補充一日活動所需的能量
- 調整為早上空腹的狀態

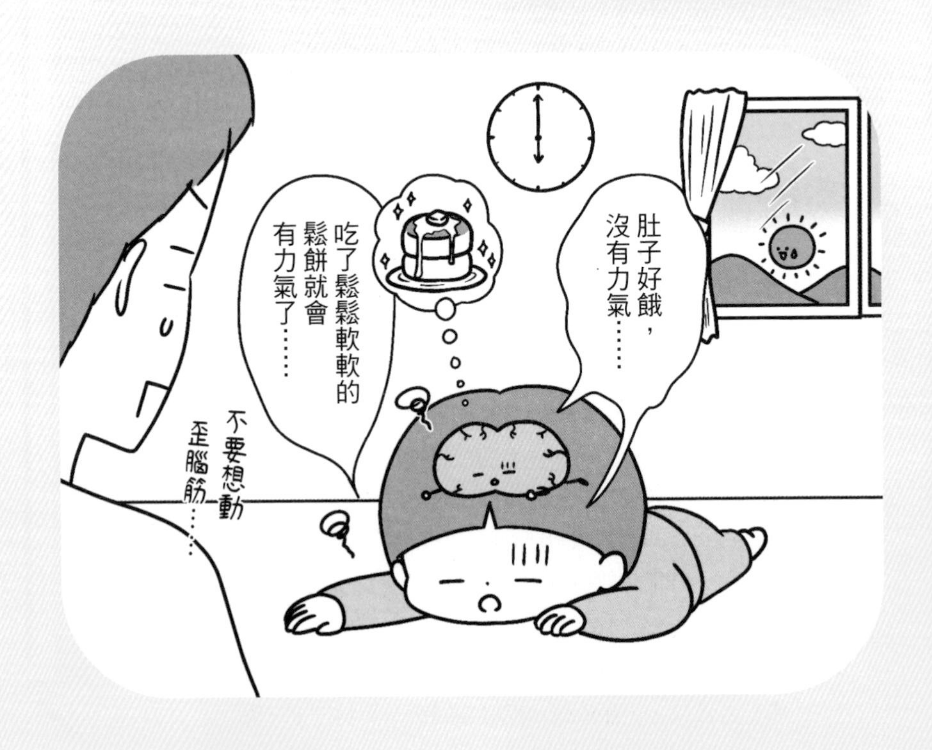

早上的能量來源空空如也，藉由攝取均衡的早餐來補充葡萄糖吧！

早上的頭腦能量是空的

我們從前一天的晚餐到隔天早餐為止，有10小時以上沒有吃任何東西。不過這段期間大腦還是一直在運作，因此起床的時候，腦部的能量來源是空蕩蕩的。

要讓頭腦運作，必須在早餐攝取作為能量來源的葡萄糖。這時候，身體的理想狀態應該是要本能地冒出「肚子餓了！」、「想吃東西！」的欲望。家長的任務就是讓孩子的身體和頭腦自然地產生食慾。前一天的晚餐太晚吃，導致消化吸收不順利，早上就不會是空腹狀態。早點吃晚餐，早點就寢，和隔天早上的食慾是有關聯的。

吃飯前保留「30分鐘的緩衝時間」

早上睡醒就要馬上大口進食，這對於大人來說也很難吧！況且孩子的腸胃還在發育中、尚未成熟，因此肚子要調整到空腹狀態會需要更長的時間。此外，胃袋的大小、消化能力和食慾都是有個體差異的。

和「一早就對還沒食慾的孩子罵著『快點吃！』」的行為相比，更重要的是要好好觀察孩子早上最有辦法進食的時間和分量，試著研究出孩子的食慾。而為了達到這個目的，希望各位早上也多保留一點緩衝時間，過得悠閒一點。

最晚9點前就必須就寢

• 為了腦部發展而休息

• 提升睡眠品質

品質良好的睡眠才能生成重要的生長激素。

讓頭腦休息、成長

睡覺的期間，是頭腦調整身心狀況的重要活動時間。而且，在睡眠的過程中會分泌大量孩子成長發育所需的生長激素。除了長高之外，腦下垂體每天都會規律地分泌生長激素，進而調節代謝與荷爾蒙的平衡，讓包含腦部在內的器官都能順利成長。因為生長激素在晚上10點到凌晨2點之間會大量分泌，所以理想的熟睡時間是晚上10點前。

熟睡的重點

睡眠注重的不只有量（長度），品質（深度）也很重要。因此，至少要在就寢的1小時前就洗好澡。而睡前為了減少刺激，要減少電視、智慧型手機、平板的使用，讓臥室維持在全暗且寧靜的環境。此外，親子之間透過肢體接觸等方式度過放鬆的時間，也可以讓副交感神經處於優位的狀態促進消化，進而促成品質良好的睡眠。

不同年齡所需要的睡眠時間如下：

- 3～5歲……約10～11小時（包含午睡）
- 6歲……約9～11小時

早餐前上完大號

• 上完大號之後，肚子就會空空的

• 讓身體動起來，刺激腸道

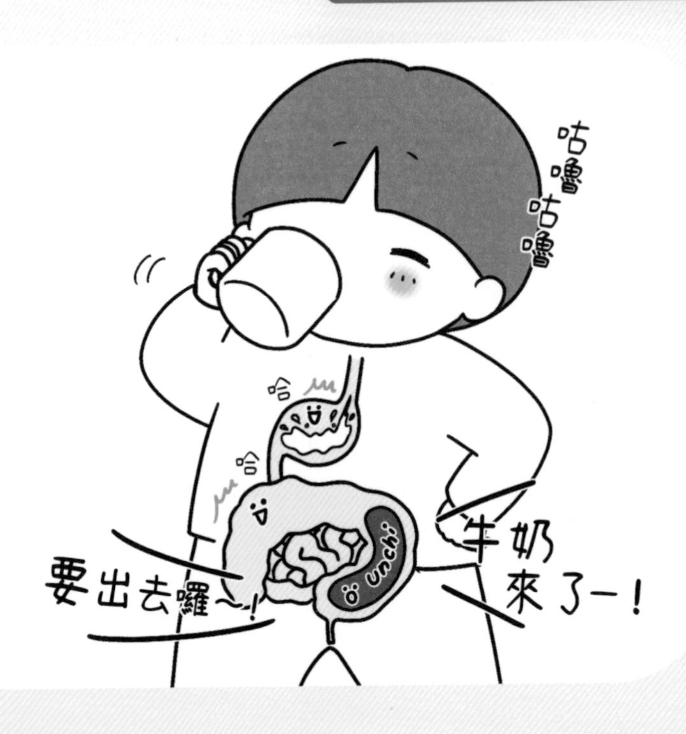

藉由運動和飲品，對腸胃進行
物理上的刺激。

肚子空空的才會產生食慾

早上起床的時候，雖然胃已經變得空空的，但要是再上完大號的話，肚子裡就會完全淨空沒有任何東西。這麼一來，身體就會開始發揮「要吃點東西才能活下去！」的本能作用。

在吃早餐之前，建議夏天可以喝點冰牛奶，冬天可以喝點微溫的牛奶或熱可可等飲品。這麼一來，進入體內的蛋白質就會刺激腸胃動作。已經消化完的食物最後會進入直腸當中，接著就會進行排便。

早起讓頭腦和身體動起來

如果還有多餘時間的話，相當建議可以早起出門散步。而且，像是念書這種需要使用頭腦的活動，也可以移到早上再做。頭腦開始活動之後，比較容易在早餐前產生便意。清空腸胃之後，早餐也能多吃一些，讓白天一整天都能精神飽滿地迎接各種好事。

充分咀嚼後再吞嚥

- 唾液是消化的第一步
- 養成咀嚼的習慣

充分咀嚼不僅可以幫助消化，
對大腦傳達開始用餐的訊息也
很重要。

消化食物需要唾液

消化食物的時候需要有唾液，而唾液是經由咀嚼分泌出來的。唾液當中含有能夠分解碳水化合物、被稱為「澱粉酶」的消化酵素。咀嚼時，一旦咬肌（下顎的肌肉）開始動作，就會對大腦傳送「食物進來了」的訊號，進而促使唾液分泌，讓食物和澱粉酶混合在一起。

接著，在食物進入胃中之後，頭腦就會察覺並開始進行消化活動。

養成細嚼慢嚥的習慣

吃小魚乾可以讓牙齒變強壯，每一口食物要咀嚼30下，充分咀嚼有助於下顎發展，諸如此類的說法，從以前開始就常常能聽到。雖然如此，對孩子來說「一口食物咀嚼30下」卻是很難實踐的。

食物不要切太細碎，在不會噎住喉嚨的範圍內，讓食物維持在不咀嚼就不能吞嚥的大小，孩子就會自然地咀嚼了。家長在一旁出聲提醒「咬，咬」，給予協助也OK。讓孩子在長大之前，就養成充分咀嚼的習慣。

記住只吃八分飽

- 進食20分鐘後才會開始有飽足感
- 吃太快是吃太多的根源

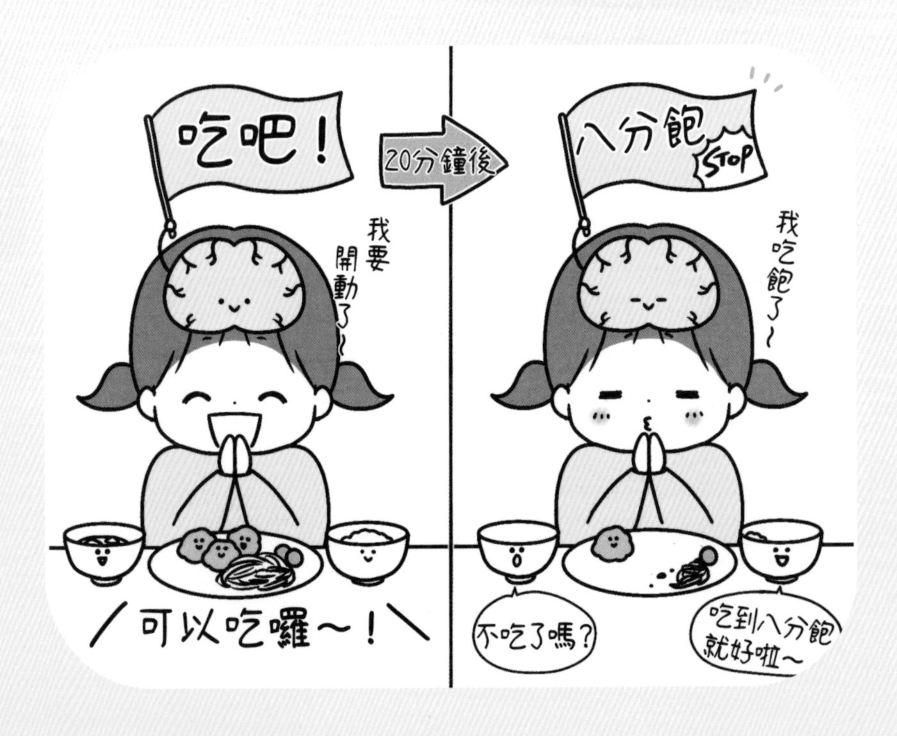

吃飯時充分咀嚼的話，可以預防在飽食中樞開啟之前，就吃下太多食物。

花費20分鐘吃飯，
就會自然地感到滿足

當體內開始進行消化活動時，胃部會膨脹，對腦中的飽食中樞傳遞訊息。而胃中已經充滿食物的時候，會發出「差不多可以停止進食了」的指令，食慾就會自動停止。配合腦部運作時機停止進食的分量，理想上應該是「八分飽」。

吃快就會吃多

飽食中樞發出「不要再吃了」的指令，據說會需要約20分鐘左右。一旦趕著在5～10分鐘內把飯吃完的話，因為腦部還來不及發出指令，所以根本不會有飽足感。這麼一來，就會吃進過量的食物，吃到覺得飽了才停止進食，其實已經吃太多，會對腸胃造成負擔。

吃飯的時候不要急，要確實地充分咀嚼食物，花20分鐘慢慢進食，吃到對腸胃來說剛好的八分飽，食慾就會自然停止了。

別讓孩子一個人吃飯

- 記住開心的餐桌
- 與其讓孩子等待，不如一起做飯

就算不是一起吃，陪在孩子身邊也好。

再沒有時間，也要一起聚在餐桌

真的抽不出時間和孩子一起用餐的時候，家長不吃也沒關係，重要的是要和孩子一起坐在餐桌前。這個時候要記得絕對不要碎碎念，要和孩子進行一段開心的親子對話。孩子不說話的時候，爸爸、媽媽請先說說自己當天發生的事情。這麼一來，孩子也會開始談論自己的事情。

愉快的心情可以促進副交感神經作用，這與消化酵素的分泌也有相關，希望可以利用「吃飯時會感到愉快」這種原始本能給予大量的刺激。

讓孩子一起參與做飯的過程

當晚餐比較晚準備會讓孩子等待的時候，就試著和孩子一起準備料理吧。比方說，可以讓孩子幫忙切水煮胡蘿蔔，也可以讓孩子在料理完成的時候撒上配料，或是幫忙端盤子也很好。

因為在晚餐時刻，家長通常也是處於餓肚子的狀態，所以讓孩子看見這種本能反應也會有不錯的示範效果。雖然看起來規矩不太好，不過做飯時邊煮邊吃一些也OK。不斷對大腦輸入「肚子餓時大口吃飯會感到很滿足」的畫面是很重要的。

以香氣和顏色刺激五感

• 以香氣及顏色刺激食慾

• 以語言強化刺激

晚餐時附近飄著美味的香氣，
也是件好事。

以語言連結香氣與食慾

煮飯的氣味、味噌湯的氣味、烤麵包的氣味等，以香氣來刺激嗅覺吧！香味的連動可以勾起食慾，雖然對大人來說是件無意識的事情，不過因為小孩促進食物的腦部機能尚未發育完全，因此還必須由家長來協助促進孩子的食慾。

舉例來說，當聞到剛出爐的麵包散發出香味時，就可以用「聞到香味就覺得肚子餓了呢」這樣的具體描述來傳達給孩子。這麼一來，孩子的頭腦就會有上述的記憶，並且讓香氣與食慾產生連結，自然地說出「好香！肚子餓了」。

以顏色刺激視覺，讓大腦醒過來

紅色的番茄、綠色的青花菜等顏色對視覺的刺激，也能和食慾產生連結。我們可以告訴孩子：「鮮紅的番茄看起來真好吃耶！」將想法轉化為語言，可以強化五感的刺激。相反的，因為紫色和深藍色會讓大腦休眠，所以希望各位要盡量避免。

吃早餐的時候，建議使用黃色的餐墊和馬克杯。就像看到太陽的效果一樣，可以讓大腦醒過來。

看電視NG！打造可以專注用餐的環境

- 不能同時做兩件事
- 讓意識集中在餐點的味道和內容

就算是大人也一樣，當沉浸在電視裡時，根本搞不清楚自己在吃什麼。

電視和廣播會搶走聽覺與視覺

因為孩子原始的「身體腦」作用還很強，所以對於刺激會很容產生反應。為了生存和預防危險，必須能夠立即察覺到敵人和獵物。因此，比大人還要敏感許多。

電視及廣播為了讓人產生興趣，製作節目的時候都會加入強烈的刺激。用餐時開著電視或廣播，會搶走視覺及聽覺，連自己吃的是什麼味道，到底在吃什麼都不知道，就這樣繼續吃。

人類沒辦法同時做兩件事

對於一般人來說，理論上要同時處理兩種訊息是不大可能的。雖然也有人能夠同時進行兩個以上的工作，具有「多工處理」的能力，但那其實只是在處理兩個以上的工作時，可以很快速地在腦中切換而已。

舉例來說，當我們一邊聽廣邊一邊吃飯時，如果是很專心聽廣播的話，就會無法充分感受餐點的味道。因為孩童時期特別需要刺激食慾，所以在用餐過程中就把電視和廣播關掉吧。

為了專心用餐，玩具也請收在從餐桌看不到的地方。

晚餐至少要在就寢前1～2小時完成

- 就寢前1小時要吃完晚餐
- 太晚的話沖個澡也OK

吃飽之後馬上睡覺，因為胃還在作用，身體會覺得不太舒服，無法獲得良好的睡眠品質。

食物的消化需要時間

為了將吃下肚的食物消化並送到十二指腸，至少要在飯後40分鐘～1小時，胃部才會開始活躍地作用。睡前進食會導致無法入眠，是因為肚子會覺得悶悶的，感覺被壓迫。想要在晚上9點就寢的話，最好要在7點左右就把晚餐吃完，最晚也要在睡覺的1小時之前吃完。

早點吃晚餐，才能早睡早起

以睡眠做為優先考量，晚餐還是盡量早點吃完吧！因為吃完晚餐後只剩睡覺這個活動，所以進食的分量少一點也沒關係。稀飯、燉飯或蔬菜湯等不會對胃造成負擔的食物，都是非常推薦的選項。一旦晚餐分量吃太多，或是吃了炸物和大量的肉類，都會造成消化負擔，就算到了隔天的早餐時間，也不會有什麼食慾。

雖然有很多家長都會覺得每天晚上一定要洗澡，但如果晚餐吃太晚的話，稍微沖個水把身體擦乾也是OK的。

為了確保睡眠時間，建議可以晚上簡單擦個身體，早上起來再洗澡。

準備各種顏色的食材

• 留意4色的食材群組

• 配色漂亮就OK

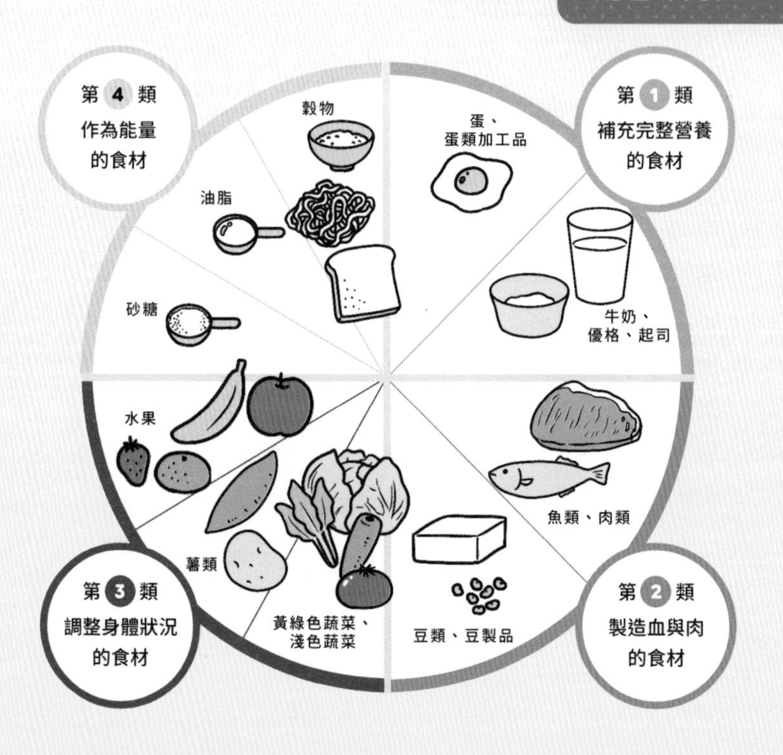

第172頁會介紹使用4種食品分類的健康飲食教育創意。

基本的4個分類

營養均衡的飲食基本上就是要備齊具有四個食品分類（紅、綠、黃、藍）功能的食物（→P.44）。以這四個分類的食物為基底來構思菜色，自然就能獲得完善的營養。

接下來，就算只是將冰箱內部大致分出四類食材個別存放的區域也沒關係，因為這麼做能幫助我們一眼就分辨出缺少了哪些食材。因為在做飯的時候，我們只需思考要先從各個區域當中挑選哪些食材即可，所以就不會太傷腦筋。

色彩繽紛的菜色，營養也很豐富

就算沒刻意備齊四個分類的食材也沒關係，只要食材的配色富有多樣性，大致上來說也會是營養均衡的餐點。此外，也要記得對孩子們傳達「因為有很多顏色，所以充滿了營養喔」的觀念，這麼做也能讓孩子自己將營養均衡的顏色記憶到腦海裡。

吃飯的時候也非常建議親子一同進行「（父母）這裡面有綠色嗎？」、「（孩子）綠花椰菜！」、「（父母）毛豆也是呢」這一類尋找色彩的遊戲。

不同季節建議攝取的食材

- 吸收當季食材的活力
- 記住當令食材的方法

從注意季節變化開始吧！

只要吃的是當季食材就沒問題

天氣的溫度和濕度會隨著春夏秋冬等四季而變化，人的身體與心情也會隨之產生變化。

例如，在揮汗如雨的夏天，可以食用含有豐富水分的小黃瓜和西瓜來補充礦物質，每個季節人類所需要的營養素，都能夠連動到當季盛產的食物。不需要把攝取營養這件事想得太複雜，只要食用當季盛產的食物，身體自然就會健康。

尋找季節食材的方法

近年來，超市中整年都可以在架上看到一樣的蔬菜，應該有很多人不清楚當季的食材有哪些了吧。

因為要一一地記住會有點困難，所以在第152～153頁當中，將會介紹比較容易記住的關鍵字和當季食材的例子，請務必參考看看。

春＝發芽的食材

蘆筍、高麗菜苗、蕨菜、油菜花等

夏＝含水量高，從上方垂落的食材

小黃瓜、番茄、茄子、西瓜等

秋＝結果實的食材

南瓜、菇類、蘋果、柿子等

冬＝根類食材

白蘿蔔、牛蒡、胡蘿蔔等

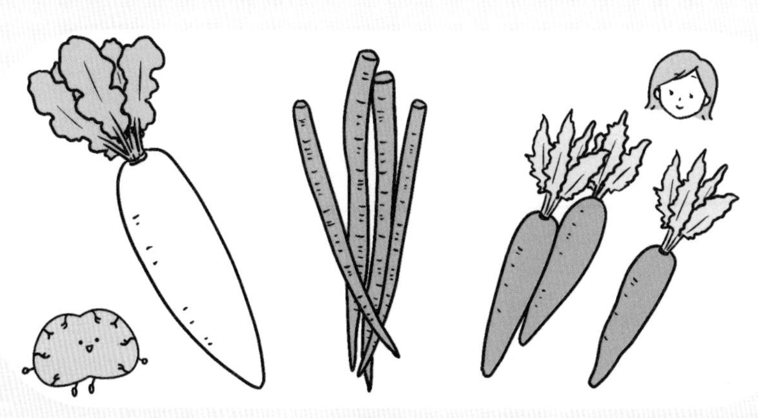

好好睡飽、吃早餐，才能培養出聰明的頭腦和健全的心智

本書的前幾個章節已經明確地向各位讀者傳達了「充足的睡眠以及確實吃早餐」的重要性。根據日本國立教育政策研究所的「全國學力、學習狀況調查」顯示，每天生活規律而且都有吃早餐的孩子，學力調查的得分有較高的趨勢（→P.16～17）

透過早餐攝取作為大腦能量來源的葡萄糖與各種營養，可以讓身體和大腦整個上午都充滿精神地活動。如果要讓肚子一早就是空腹的狀態，那就必須有充足的睡眠時間，這樣晚上才有辦法消化食物。因此，晚餐必須早點吃完，才能早點睡覺。要是睡前還有多餘的時間，也能多出一些親子互動的放鬆時間。同一項調查也顯示，愈常與家長對話的孩子會有學力愈高的趨勢。

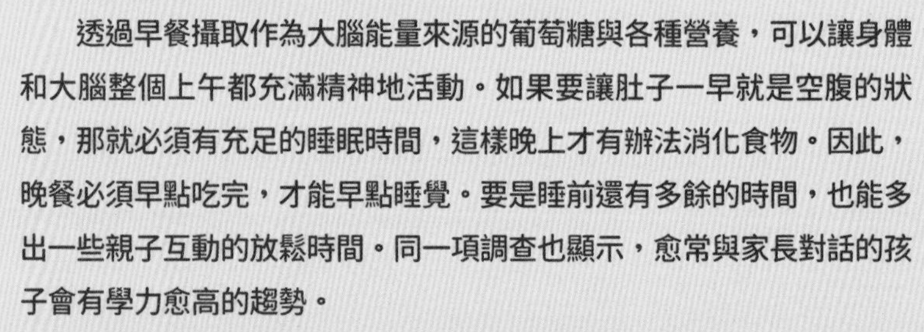

此外，「好好吃飯、睡覺，身體健康就好了」的想法，也和孩子的自我肯定感有相當程度的關聯。就算長大之後會遇到一些挫折，健康的生活也能為孩子帶來克服的力量。

Part 5

讓孩子開心吃飯的創意靈感

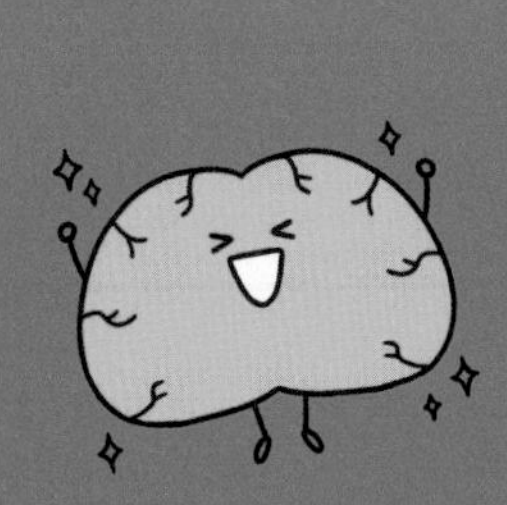

煩惱第1名　關於吃的各種煩惱

※編輯部調查

花很多時間在吃飯！

NG

快點吃！

你到底要吃到什麼時候！

像是「快點」、「認真」這種曖昧模糊的詞彙，會讓孩子無法理解，不知道應該做什麼比較好。因此，可以用眼睛可看見的東西表示，例如時鐘指針的位置等，藉此讓孩子知道應該在什麼時候之前吃完。有一個實際的目標，孩子也會比較願意動起來。

設立目標，並傳達具體可行的辦法

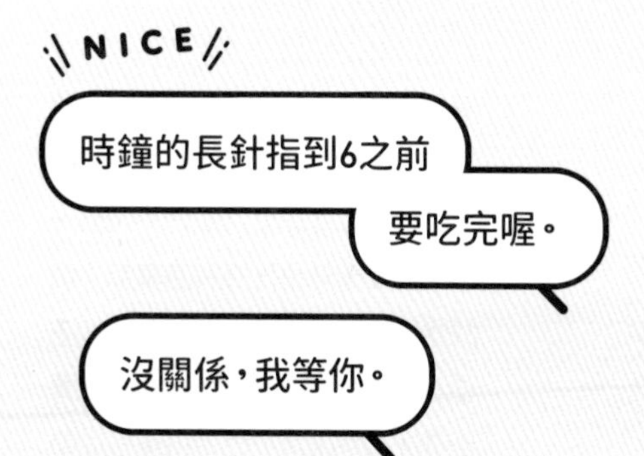

催促孩子反而讓父母自己也變得匆匆忙忙的情況很常見。以理想的狀況而言，吃飯要花費20分種以上才能刺激飽食中樞（→P.138）。早上還是早點起來，給自己多點時間，確保能慢慢地用餐。時間內吃不完的話不用勉強，剩下的決定之後再吃也OK。

對食物有偏好與挑食的問題

NG

不准不吃！

把討厭的東西吃掉，就可以吃甜點喔。

為了生存，可以「對不需要的東西說不要」這一點是很重要的（→P.20）。還有，絕對不能以獎勵當作交換條件！這樣會破壞對幼兒來說很重要的「空腹→吃飽」的流程，並且強化「為了家長和獎勵而吃」的想法。

腦部還在成長中，有好惡是很正常的！

NICE

真的很好吃耶，那我連○○的份都吃掉囉

裡面含有能讓人變聰明的營養，吃掉會比較好喔。

若不是非常極端的好惡，就不用太擔心！

家長吃得津津有味的樣子，也會讓孩子對吃東西產生興趣，好奇「真的那麼好吃嗎」。即使這個方法不順利，家長還是要記得帶著笑容傳達「吃飯很快樂」的重要性。還有，因為孩子正處於累積知識的時期，即使拒吃不喜歡吃的東西，還是要反覆地告訴他「吃了該食物對身體好的原因」。

點心時間多，吃太多甜食

NG

不能只顧著吃點心！

晚餐會吃不下喔！

正餐時間以外吃太多點心的話，就沒辦法完成「空腹→吃飽」的流程了。還有，你是不是曾有「一邊做事，一邊跟孩子玩」，或是「讓孩子一直看電視」的經驗呢？當孩子感到厭倦時，就會看向手邊的點心。要改掉這些習慣，就先從讓孩子一起沉浸在遊戲中，還有減少囤積零食開始吧。

專注遊玩，創造看不到零食的環境

\\ NICE //

（讓孩子看家中的點心）

你要吃哪個呢？

選一個就可以囉。

甜食可以讓孩子感覺到父母的愛，還有療癒的效果！

雖然點心對孩子來說是必須的，但是不能「不知不覺」、「沒有限制」的吃，而是要跟孩子一起決定要吃什麼，還有要吃多少。建議可以準備一些有營養的自製點心（→P.62），當孩子想吃的時候，就可以讓他開心得吃。

吃不完，食量小

NG

不好好吃飯的話，會長不大喔！

只吃一口也好，快吃吧！

「這是特別為你做的，快吃」、「必須要攝取營養」，大人們容易會有這樣的想法，不過，其實孩子覺得需要的話就會吃。在家不吃，但是在幼兒園或學校會吃的孩子也很多，只要不是體型過瘦的話，就不用太過擔心。家長要注意的是讓孩子早睡早起、培養食慾，並且改變點心的內容。

不用勉強孩子吃，保持輕鬆的心情培養食慾

NICE

吃了才有力氣去玩喔！

剩下的等晚餐（早餐）再吃吧。

不要說出「不吃的話，就不可以○○」這樣的否定句，而是要用「吃了就可以○○」的肯定句來培養孩子的食慾。「不能吃剩」的壓力，會對用餐這件事帶來負面印象。只要心裡想著「剩下的放進冰箱，之後再吃吧」，心裡就會覺得輕鬆許多。

食慾不定

NG

昨天明明會吃，
怎麼今天就不吃了呢!?

我說過不吃蔬菜
是不行的吧？

當孩子3～6歲的時期，還有很多事物都是透過本能在判斷，有食慾不定的狀況也是正常的。原本喜歡吃的東西突然就不吃了，昨天明明可以今天卻不行，諸如此類的事，根本就是家常便飯。不要焦躁地想著「為什麼不吃？」要轉念告訴自己「小孩就是這樣」，才不會造成彼此的壓力。

在這個時期是常見的事！別勉強，就放下吧。

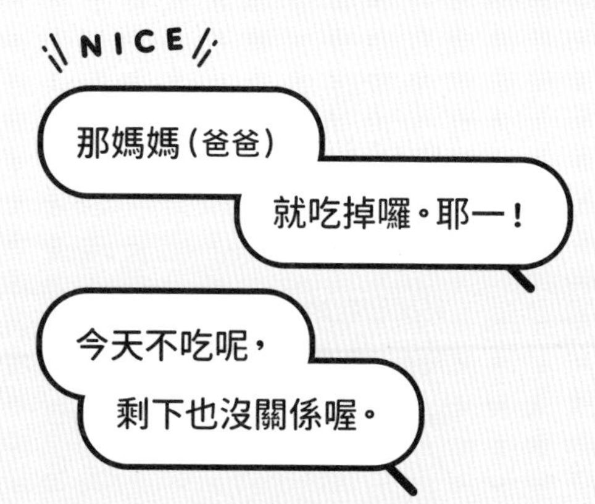

就像孩子挑食或吃不下的時候一樣，家長可以用津津有味的樣子，把孩子不吃的東西吃掉。家長們可能會擔心營養均衡的問題，不過把時間拉長到一週來看，大概都還是能夠攝取到必要的營養，因此不用過於擔心。

邊吃邊玩

NG

不要玩食物！

很髒，快停下來！

從開始用餐到飽食中樞開始作用，大約需要花費20分鐘以上的時間（→P.138）。邊吃邊玩，其實可以當作爭取作用時間的手段。還沒有到不衛生的程度，就沒有必要罵孩子。餐桌禮儀可以等到孩子大一點了再好好地教他們。

在感覺吃飽之前，可以慢慢吃的機會！

邊吃邊玩是對食物感興趣的表現。當孩子樂在其中時，最好可以對孩子說些「好好玩喔」、「好開心喔」這類以孩子為主語的話。家長偶爾也可以一起玩，像是用番茄醬畫畫，或是將火腿和起司壓出造型等等。

餐桌禮儀不佳！

NG

姿勢很差耶，這樣很難看。

○○，為什麼你就是做不好呢!?

吃飯過程中走來走去，手肘撐在桌上，筷子拿不好等等，應該會有很多像這樣令人在意的事情，不過，要3～6歲的孩子學會餐桌禮儀其實滿困難的。就算孩子做不到，也不要責怪他們。絕對不能說出「很難看」、「很丟臉」這種否定孩子人格的話喔！

學不會餐桌禮儀沒關係，只要有傳達給孩子就OK

\\ NICE //

拿筷子的方法有點不太對耶。

今天做的很好喔～
應該是因為昨天有好好睡覺吧。

孩子比我們想像中更常觀察父母的舉動。首先，父母要先用正確的方式吃東西，用餐期間不要走來走去等等，試著改掉壞習慣。接著，要像念咒語一樣，不斷對孩子傳達正確的餐桌禮儀，孩子就會隨著成長而能夠做得愈來愈好。當孩子做對的時候，別忘了要大力稱讚並且增加與「睡眠」的連結。

沒人餵就不吃

NG

你已經不是小嬰兒了！

不要撒嬌，要自己吃！

「明明可以自己吃卻想要人餵」等撒嬌的行為，其實反映了孩子的不安。要是家長對此感到焦躁或困擾，會將情緒傳遞給孩子。只要家長帶有喜怒哀樂的「怒」、「哀」等情緒，孩子的不安就不會消失。

若孩子有撒嬌的情況，做父母的就盡情享受吧。

NICE

小寶貝，來坐我腿上吧。

媽媽也想這樣吃耶～

抱持「歡迎！」的態度想著「變回小寶寶了，好開心！」，並抱持著「喜」、「樂」的心情，用稍微誇張的方式表現出來。只要孩子感到安心，就會想著「我已經不是小寶寶了」，可以自己吃飯了。

透過遊戲認識食物的四大分類

試著將食物的營養分成四類

當以菜色的營養均衡為考量時，可以參考四個食品分類（→P.44）。務必讓孩子們也一起參與。

要準備的有紅色、綠色、黃色、藍色的圖畫紙或色紙，還有超市的宣傳DM。

首先，把宣傳DM上的食品照片剪下來，分別放到四個顏色的紙上。接著，讓孩子將食物依「補充營養的食材（藍）」、「製造血與肉的食材（紅）」、「調整身體狀態的食材（綠）」、「成為能量的食材（黃）」分成四類，分別放到四個顏色的紙上。

以「金牌」為目標，攝取均衡營養

「集滿四個顏色就能拿到金牌囉！」給孩子金牌的時候，孩子也會非常開心。沒有集滿四個顏色，也可以發銀牌和銅牌，再問孩子「還需要什麼才能拿金牌呢？」讓孩子自己思考是缺乏了什麼。

透過這個遊戲，在日常飲食也可以和孩子一起思考「這要歸類在什麼顏色呢？」目標是在玩樂中也能攝取營養均衡的飲食。

還有這樣的創意

飯後如果有時間的話，可以將自己吃過的食物分類，數數看有幾種顏色。

講解「食物的旅程」，讓孩子認識吃飯的重要性

學習身體機制與食物的作用

在本書作者舉辦的「食物的旅程」講習會上，可以學到身體的機制與食物的作用。

利用易懂的圖示表現「身體機制」，將食物進入口中最後變成糞便的過程比喻為「旅程」，用以傳遞食物的重要性，並且說明食物在體內是如何變化的。

好多機關。嘗試製作「身體」

以圖畫紙、報紙等剪出身體的形狀，再用毛線、羊毛氈模仿內臟的樣子來說明身體運作的機制。

以毛線說明小腸（5～6m）和大腸（約1.5m）的長度，再用紙和布料做出軟硬適中的「好便」，以及小顆圓滾滾的「壞便」，讓孩子看一看、摸一摸，稍微加入一點遊戲元素，提升孩子的興趣。

讓孩子不再是「因為爸媽叫我吃才吃」，而是自己了解吃東西是為了「長高」、「變聰明」等，學會理解食物的重要性。

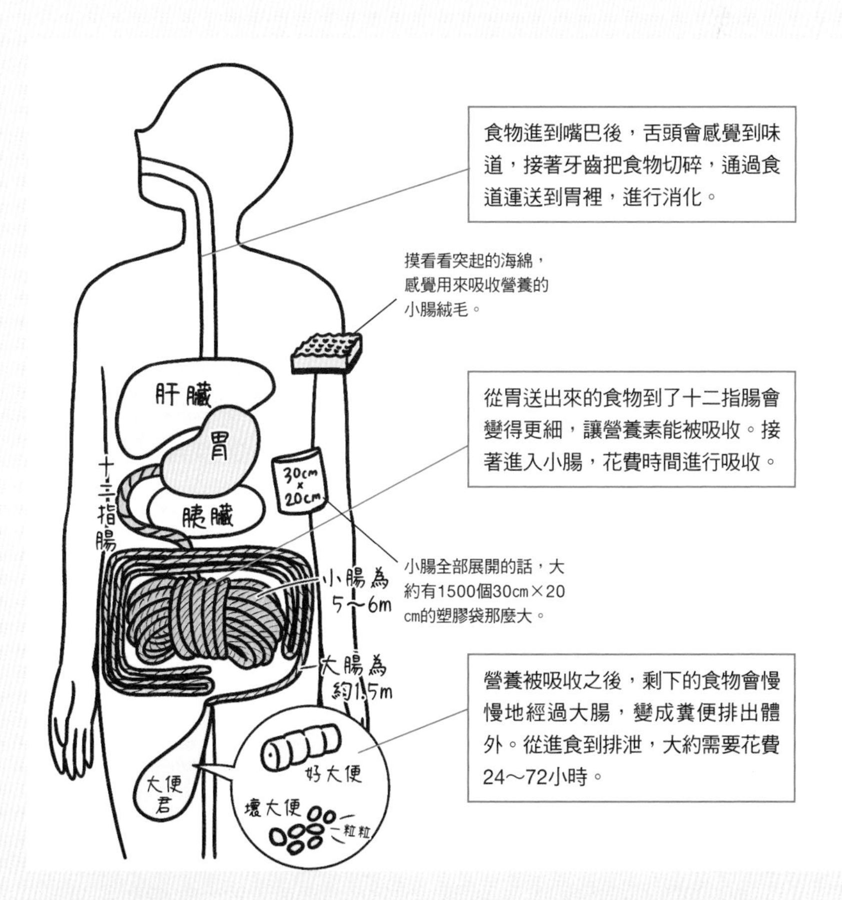

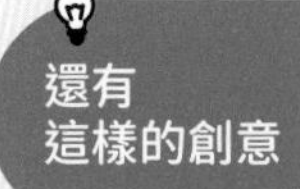

還有這樣的創意

將蛋殼泡到醋中溶解，進行實驗，想像在體內被消化的食物產生的變化。

透過料理養成「選擇能力」與「排序能力」

嘗試親子共同做飯

料理的順序是很重要的。以食譜這個設計圖為基礎，可以動動腦想一下，要如何安排順序，才能讓工作順利且有效率地進行。這也可以當作未來讀書計畫與實際執行的訓練，很適合「腦力發展」。

制定計畫並實行，針對結果給予評價，遇到問題就著手進行改善。像這樣促進商業順利進展的手法就稱為「PDCA循環」。

透過料理的方式，正確地選擇必要的食材，思考製作的步驟，讓孩子可以自動自發地循著PDCA的循環，來進行腦力發展的訓練吧！

以料理刺激五感，培養腦力

料理的過程有接觸食材、聞到香味、聽見各種聲音、美麗的擺盤等視覺性的功能，完成之後還會品嘗，很少有其他事情能夠像料理這樣給予五感刺激。而且料理的優點是很快就能看到成果，對於小孩子來說，要是無法馬上看見成果，很容易就會失去下次再做的動力。

透過完整過程，提升培養腦力的效果

不建議只讓孩子「幫忙」做切蔬菜這種部分的工作。雖然需要練習，不過總有一天是要自己思考順序、切食材、拌炒、調味等。透過體驗這樣完整的流程，可以獲得感動與成就感，還能發展大腦的前額葉。

此外，這時很重要的是，家長不需要出手幫忙，只要在失敗時和孩子一起思考原因就好。成功之後要好好稱讚他，讓孩子增加自信。

在和平常不一樣的情境中用餐

只要改變用餐地點就OK

到戶外野餐、烤肉、露營等營造不同的用餐環境，原本討厭的東西就有可能吃得下了。不過，因為要每天出門的困難度實在有點高，所以可以稍微做點變化，引起孩子對飲食的興趣。

可以放一張桌子在陽台上吃飯，營造出和平常不一樣的用餐空間。放上卡式爐或是電烤盤，和孩子一起做料理也很不錯。

有助於消除討厭的根源

製作炒麵和大阪燒的時候，可以把平常不喜歡吃的蔬菜切小塊加進去。小朋友吃得開心，就能吃比較多。

要是在吃完之後才跟孩子說：「其實裡面有加你不喜歡的香菇喔！」雖然這麼一來孩子可能會心想「糟糕！」而感到驚嚇，不過這也能會讓孩子覺得「什麼嘛，原來是可以吃的」，而讓他們產生自信。

竟然把平時會剩下的蔬菜吃掉了!!!
你找到車子形狀的雲啦~!
啊!雲是車子的形狀!
萵苣和火腿和~
起司也放上去~
哇啊啊啊啊啊
故做鎮定中
嚼
嚼
嚼
嚼

和家人以外的人們一起用餐

以周遭的人與氣氛來刺激食慾

經常聽到孩子在家不吃，在幼兒園及學校卻會吃的情況。看到朋友在吃自己不敢吃的食物，而且吃得津津有味，就會產生「吃吃看好了」的想法，努力地想著「不能輸！我也可以吃！」

可以安排到親戚家玩，或是邀請朋友一起吃飯。或是試著到「親子餐廳」，看著周圍的孩子們都大口吃飯，就會自然地刺激食慾。有時候也可以到家庭餐廳，和許多家人一起用餐會覺得吃東西很快樂，心情上會更想吃東西。

自己獲取食材的體驗也很重要

可以到栽種蔬菜的親戚家幫忙，或是一起吃著某人釣的魚，這些也都是和刺激食慾有關聯的活動。

透過各式各樣的體驗，創造出許多對飲食的快樂回憶，讓孩子養成「吃東西真開心！」這樣的想法，這些都和日常的食慾有關聯。

還有這樣的創意

在孩子耳邊悄悄說：「那個孩子和〇〇都不吃胡蘿蔔耶！」意外地可以提升食慾。有吃的話，要記得不吝於給予讚美。

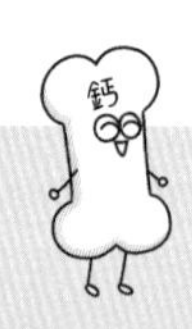

不用緊張兮兮，重要的是享受用餐時光

為了組成身體和大腦，必須積極地攝取必要的營養素。其中最重要的是，要傳達「吃飯是件快樂的事情」這樣的想法給孩子。如果常常因為不吃飯、規矩不好等原因被罵而感到沮喪，就無法持續快樂的用餐。心裡想著「明天再吃也行」，帶著悠閒的心情處理這件事，也能防止孩子未來偏食的狀況。

還有，孩子的生活中包含了父親、母親、祖父母、保育園、幼稚園等。可能在保育園的方針是可以不用吃完，祖父母和父親會給甜食點心，應對方式與方針都有可能不同。這種時候記得不要責備對方，要保持正向的思考，想著「這是讓孩子社會化的好時機」。

3～6歲的時期，刺激五感可以讓大腦健康的發展，只要培養出「想睡」、「想吃」的欲望就沒問題了。家人們一起快樂用餐，也是給予五感刺激的一種方式。和孩子一起快樂地想著「現在要來培養腦力了」，總有一天會結出甜美的果實。

卷末附錄

主要營養素與富含該營養素的食材一覽

便利的「食材搭配速查表」

主要營養素與富含該營養素的食材一覽

DHA、EPA（Omega-3脂肪酸）

鮪魚、鰤魚、鯖魚、秋刀魚、竹筴魚、鮭魚、
亞麻仁油、荏胡麻油、核桃 等

→ P. 78~85

卵磷脂

蛋、黃豆、黃豆食品、花生 等

→ P. 86~89

鈣

牛奶、起司、優格、柳葉魚、魩仔魚、
小松菜、麻薏、白蘿蔔乾、芝麻 等

→ P. 90~93

鐵

肝臟、牛菲力、鰹魚、蜆、小松菜、油菜花、
黃豆、納豆、菠菜、果乾 等

→ P. 94~101

鋅

牡蠣、干貝、章魚、豬肝、牛腿肉、蛋黃、
油豆腐、起司粉 等

→ P. 98~101

鎂

糙米、黃豆、杏仁、花生、菠菜、
貝類、烤海苔、海帶芽 等

→ P. 98~101

鉀

牛奶、優格、毛豆、奇異果、納豆、小芋頭、
小黃瓜、白蘿蔔乾 等

→ P. 98~101

維生素B_6

鮪魚、秋刀魚、鮭魚、雞里肌、核桃、紅椒、
肝臟、馬鈴薯、黃豆、香蕉 等

→ P. 102~105

維生素B_{12}

海瓜子、蜆、鯖魚、沙丁魚、秋刀魚、西太公魚、
肝臟、牛奶、蛋、起司 等

→P. 102~105

葉酸

毛豆、油菜花、麻薏、青花菜、菠菜、
蘆筍、烤海苔、肝臟 等

→P. 102~105

維生素A

胡蘿蔔、南瓜、菠菜、起司、肝臟、蛋 等

→P. 102~105

維生素C

馬鈴薯、紅椒、青花菜、油菜花、
白花椰菜、橘子、奇異果、草莓 等

→P. 102~105

維生素E

杏仁、開心果、鱈魚子、麻薏、橄欖油、
麻油、酪梨、南瓜、鰻魚、蛋 等

→ P. 102~105

維生素D

鮭魚、沙丁魚、秋刀魚、水煮魩仔魚、鰻魚、
木耳、香菇乾、舞菇 等

→ P. 102~105

膳食纖維

牛蒡、竹筍、高麗菜、萵苣、杏鮑菇、糙米、
大麥、寒天 等

→ P. 122~125

蛋白質

牛奶、優格、蛋、雞肉、豬肉、牛肉、竹筴魚、
沙丁魚、鮭魚、豆腐 等

→ P. 114~121

便利的「食材搭配速查表」

統整目前為止介紹的營養素，以及可以提升效果的搭配組合。

DHA、EPA
(Omega-3脂肪酸)

促進腦神經迴路發展，使腦細胞變柔軟，提升腦部反應力和作用力。除了動物性DHA、EPA外，還有植物性的α-亞麻酸。

+維生素A、C、E

具有高度抗氧化力的維生素A、C、E可以抑制Omega-3脂肪酸氧化。
食材：胡蘿蔔、南瓜、菠菜、青花菜、酪梨、草莓、柳橙、堅果類等

鋅

鋅具有喚出腦部整理好的記憶訊息的重要功能。

維生素C

提升鋅的吸收率。
食材：馬鈴薯、青花菜、酪梨、草莓、奇異果等

卵磷脂

思考、記憶時必要的腦神經傳導物質「乙醯膽鹼」的材料之一。

+維生素C

提升卵磷脂的吸收率。
食材：馬鈴薯、青花菜、酪梨、草莓、奇異果等

鎂

協助酵素作用。

+維生素B_6

協助鎂的吸收。
食材：鮪魚、秋刀魚、鮭魚、雞里肌、核桃、黃豆、香蕉等

鉀

協助神經傳導物質作用。

+鈉

排出多餘的鈉、協助鉀。
食材：鹽、醬油、味噌、魚漿製品等

鐵

鐵是血液中將氧氣運送至全身的紅血球的材料。

＋維生素C

提升鐵的吸收率。
食材：馬鈴薯、青花菜、酪梨、草莓、奇異果等

＋蛋白質

鐵可以與蛋白質結合後被人體吸收。
食材：蛋、黃豆、黃豆製品、乳製品、肉類、魚類等

葉酸、維生素B_{12}

葉酸與紅血球的製作，和蛋白質、胺基酸的生物合成相關。維生素B_{12}可以製造神經傳導物質與紅血球。協助神經傳導作用。

＋維生素C

幫助葉酸、維生素B_{12}的吸收
食材：馬鈴薯、青花菜、酪梨、草莓、奇異果等

鈣

除了用來製造骨骼及牙齒之外，還能協助神經傳導物質作用，讓神經及肌肉放鬆。

＋維生素D

幫助鈣的吸收。
食材：魚類、菇類等

＋檸檬酸

幫助鈣的吸收。
食材：梅乾、醋、柑橘類等

維生素B群

維生素B_6是腦部機能發展不可或缺的物質。維生素B_{12}可以製造紅血球。葉酸可以在活性氧對神經細胞造成損害時，與蛋白質共同修復損傷。

＋鋅

提升吸收率。
食材：牡蠣、干貝、章魚、豬肝、牛腿肉、蛋黃、油豆腐、起司粉等

＋色素成分

提升吸收率。
食材：番茄、鮭魚、胡蘿蔔等

維生素A、D、E

維生素A可以抵抗病毒。維生素D有助於鈣的吸收。維生素E可以防止細胞膜氧化。

＋Omega-3脂肪酸

幫助維生素A、D、E的吸收。
食材：魚類、亞麻仁油、荏胡麻油、堅果類等

蛋白質

製造肌肉、血液、臟器、毛髮等身體部位。保護身體不受細菌與病毒侵害，也需要蛋白質。

＋維生素B群

幫助吸收。
食材：鮪魚、秋刀魚、鮭魚、海瓜子、蛤蜊、雞里肌、肝臟、黃豆、牛奶、蛋、起司、毛豆等

膳食纖維

整頓腸道環境。保護身體免於受到外來細菌與病毒侵害的免疫細胞，約有60%存在於腸道內。

＋乳酸菌

膳食纖維可以成為糧食，幫助乳酸菌等益菌的作用。藉由增加益菌數量，改善腸道環境。
食材：納豆、起司、醃漬物、味噌、醬油等

碳水化合物

可以轉化成做為腦部活動能量的葡萄糖之原料。

＋鉀

抑制血糖值上升。
食材：牛奶、優格、毛豆、奇異果、納豆、小芋頭、小黃瓜、白蘿蔔乾等

＋膳食纖維

抑制血糖值上升
食材：牛蒡、竹筍、高麗菜、萵苣、杏鮑菇、糙米、大麥、寒天等

參考文獻

《7歳までに決まる！ かしこい脳をつくる成長レシピ》（PHP研究所）
《人気管理栄養士が教える 頭のいい子が育つ食事》（日本実業出版社）
《子どもの脳は、「朝ごはん」で決まる！》（小学館）
《「健康おやつ」で子どもに免疫力を育む！》（小学館）
《5歳までに決まる！ 才能をグングン引き出す脳の鍛え方育て方》（すばる舎）
《子どもにいいこと大全》（主婦の友社）
《食べ物を変えれば脳が変わる》（PHP研究所）
《八訂 食品成分表2022》（女子栄養大学出版部）
「日本人の食事摂取基準 2020年版」（厚生労働省）

引用出處

p. 14 攝取DHA會增加閱讀力
Richardson AJ & Montgomery P.(2005). The Oxford-Durham study: a randomized controlled trial of dietary supplementation with fatty acids in children with developmental coordination disorder. *Pediatrics* 115:1360-1366

p. 16 吃早餐的頻率與學力之間的關係
「平成31年度（令和元年度）全國學力、學習狀況調查」（日本國立教育政策研究所）

p. 22 身體腦、聰明腦、心智腦
育兒科學軸心資料

p. 24 年齡與前額葉神經突觸的增減
Harry T. Chugani, M.D.(1998). A Critical Period of Brain Development: Studies of Cerebral Glucose Utilization with PET. *Preventive Medicine* Mar-Apr;27(2):184-188
（以圖表為基礎製成圖畫版）

p. 108 GI值
Glycemic Index Research and GI News (THE UNIVERSITY OF SYDNEY)

p. 119 胺基酸評分與食材的例子
《完全指引 食品成分表2022》（實教出版）15～17歲的分數

p. 127 鹽分建議量與實際的攝取量
「日本人飲食攝取基準 2020年版」（日本厚生勞働省）

p. 127 常見市售商品含鹽量
《鹽分速查表 第5版》（女子營養大學出版部）

日文版 STAFF

餐具、攝影棚、造型　株式会社Studio165
料理助理　亀田真澄美
設計　細山田光宣＋室田 潤（細山田デザイン事務所）
攝影　小澤晶子
編輯協力　株式会社エディポック
井島加恵（mii）　深谷美智子（le pont）
問卷協力　サーベロイド
DTP　株式会社三協美術
校閱　有限会社くすのき舎

著者　小山浩子

料理研究家、營養師。曾任職於大型食品製造商，於2003年獨立創業。在日本全國進行演講活動、開發食譜、撰寫食品營養專欄，上過NHK等電視台的健康節目，活動領域廣泛。目前為止指導過的學生已達70,000人以上。著有多部腦力培育相關書籍，如《子どもの脳は、「朝ごはん」で決まる!》（小学館）、《「健康おやつ」で子どもに免疫力を育む!》（小学館）、《親子食養：專業營養師教你大腦開發這樣吃》（世茂）。同時也是腦力培育食品的專家。

官方網站 http://www.koyama165.com/

著者　成田奈緒子

神戶大學醫學部畢業。小兒科醫師、腦部發展學家、文教大學教育學部教授。擔任醫學、心理、教育、社福方面親子支援機構「育兒科學軸心」的代表。除了以「打造讓孩子能一輩子幸福生活的頭腦」為主題，針對家長、老師、保母等對象進行演講之外，同時也致力推行「早睡早起吃早餐全國協議會」等社會活動。著書與監修書籍有《子どもにいいこと大全》（主婦の友社）、《子どもの脳を発達させる ペアレンティング•トレーニング》（合同出版）等多部著作。

子育て科学アクシス https://www.kk-axis.org/

插畫　モチコ

過著每天被女兒（2014.3生）和兒子（2017.2生）吐槽生活的關西漫畫家、插畫家。育兒漫畫發布於社群網站。著作有《育児ってこんなに笑えるんや!》、《育児ってこんなに笑えるんや! 二太郎誕生編》（ぴあ）、《マンガでわかる! 離乳食はじめてBOOK》（KADOKAWA）。

部落格　「かぞくばか～子育て4コマ絵日記」 https://ameblo.jp/musume-nichijo/

Instagram•Twitter　@mochicodiary

吃出超強學習專注力！
3～6歲兒童腦力開發關鍵飲食手冊

2023年09月01日初版第一刷發行

著　　者　小山浩子、成田奈緒子
插　　畫　モチコ
譯　　者　徐瑜芳
主　　編　陳其衍
發 行 人　若森稔雄
發 行 所　台灣東販股份有限公司
＜地址＞台北市南京東路4段130號2F-1
＜電話＞(02)2577-8878
＜傳真＞(02)2577-8896
＜網址＞http://www.tohan.com.tw
郵撥帳號　1405049-4
法律顧問　蕭雄淋律師
總 經 銷　聯合發行股份有限公司
＜電話＞(02)2917-8022

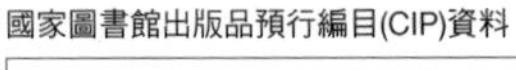

國家圖書館出版品預行編目(CIP)資料

3～6歲兒童腦力開發關鍵飲食手冊：吃出超強學習專注力！／小山浩子、成田奈緒子著；徐瑜芳譯. -- 初版. -- 臺北市：臺灣東販股份有限公司, 2023.09
192面；14.8×21公分
ISBN 978-626-329-812-5（平裝）

1.CST：育兒 2.CST：小兒營養 3.CST：健腦法

428.3　　112004604

YARUKI TO SHUCHURYOKU WO YASHINAU
3~6SAIJI NO IKUNO GOHAN

Design by Mitsunobu HOSOYAMADA, Jun MUROTA (Hosoyamada Design Office corp.)
Interior photographs by Akiko OZAWA
First published in Japan in 2022 by IKEDA Publishing Co.,Ltd.
Traditional Chinese translation rights arranged with PHP Institute, Inc.